JN164764

水俣から

寄り添って語る

水俣から

寄り添って語る

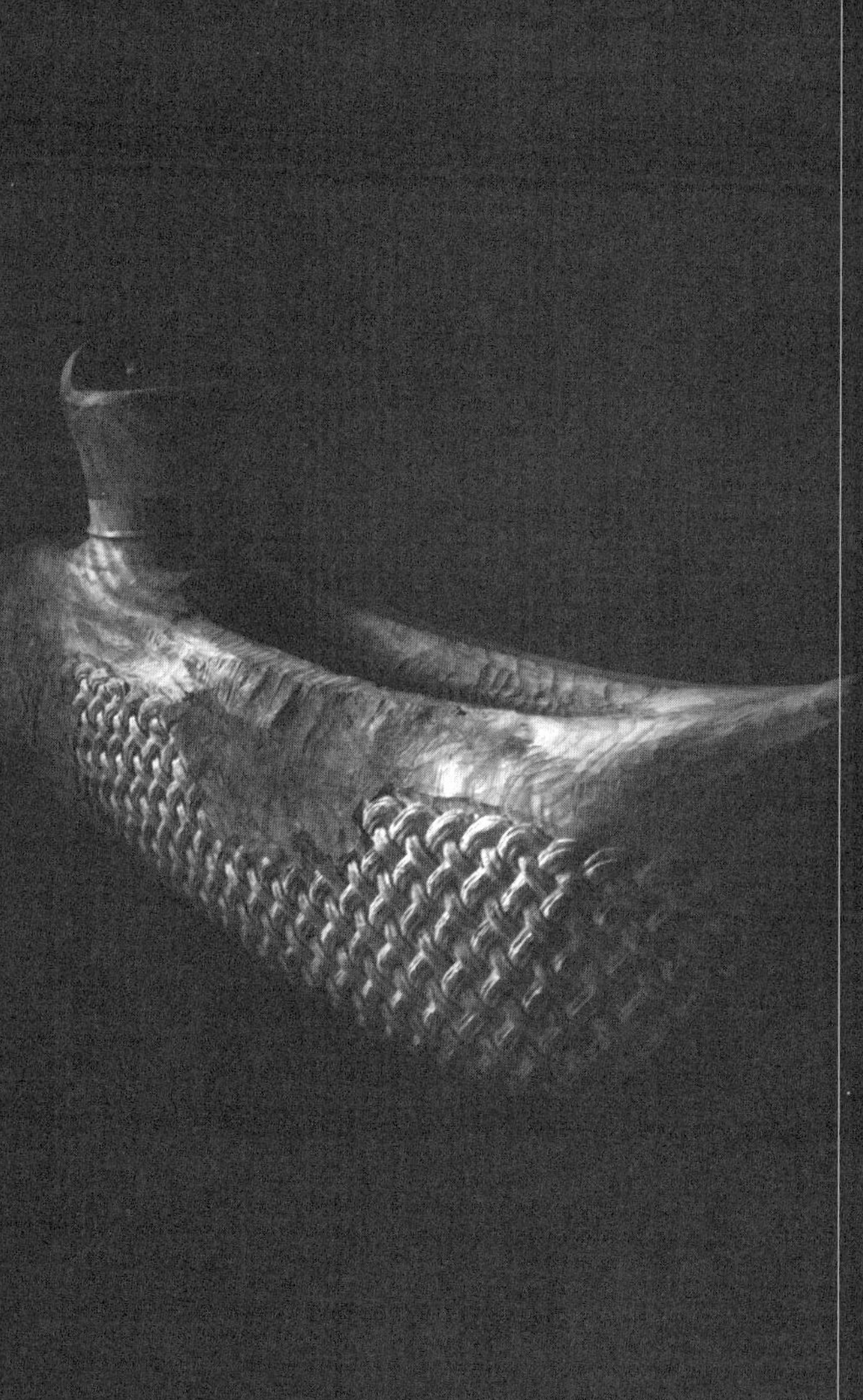

水俣フォーラム編

岩波書店

本書は、水俣病記念講演会をはじめ水俣フォーラムの催しにおいてなされた六〇〇を超える講演の中から選択した一一講演をもとに、巻頭の詞章と解説を付して構成したものである。

まぼろしのえにし

石牟礼道子

生死(しょうじ)のあわいにあればなつかしく候(そうろう)
みなみなまぼろしのえにしなり

おん身の勤行(ごんぎょう)に殉ずるにあらず
ひとえにわたくしのかなしみに殉ずるにあれば
道行(みちゆき)のえにしはまぼろしふかくして一期の闇のなかなりし
ひともわれもいのちの臨終(いまわ)　かくばかりかなしきゆえに
けむり立つ雪炎(せつえん)の海をゆくごとくなれど
われよりふかく死なんとする鳥の眸(め)に遭えり
はたまたその海の割るるときあらわれて
地(つち)の低きところを這う虫に逢えるなり

この虫の死にざまに添わんとするときようやくにして
われもまたにんげんのいちいんなりしや
かかるいのちのごとくなればこの世とはわが世のみにて
われもおん身も　ひとりのきわみの世を
あいはてるべく　なつかしきかな
いまひとたびにんげんに生まるるべしや
生類（しょうるい）のみやこはいずくなりや
わが祖（おや）は草の親　四季の風を司り
魚（うお）の祭を祀（まつ）りたまえども　生類の邑（むら）はすでになし
かりそめならず今生（こんじょう）の刻（こく）をゆくに
わが眸（まみ）ふかき雪なりしかな

あわい　あいだ、ま
おん身　あなた
勤行　修行、つとめ
殉ずる　命を投げ出す
道行　連れ立って行くこと
一期　一生、生まれてから死ぬまで
祖　親、父母、祖先
邑　村、里

水俣から——寄り添って語る◉目次

石牟礼道子　まぼろしのえにし

装　丁　市川敏明・市川美野里
カバー・扉図版（木彫）　中澤安奈

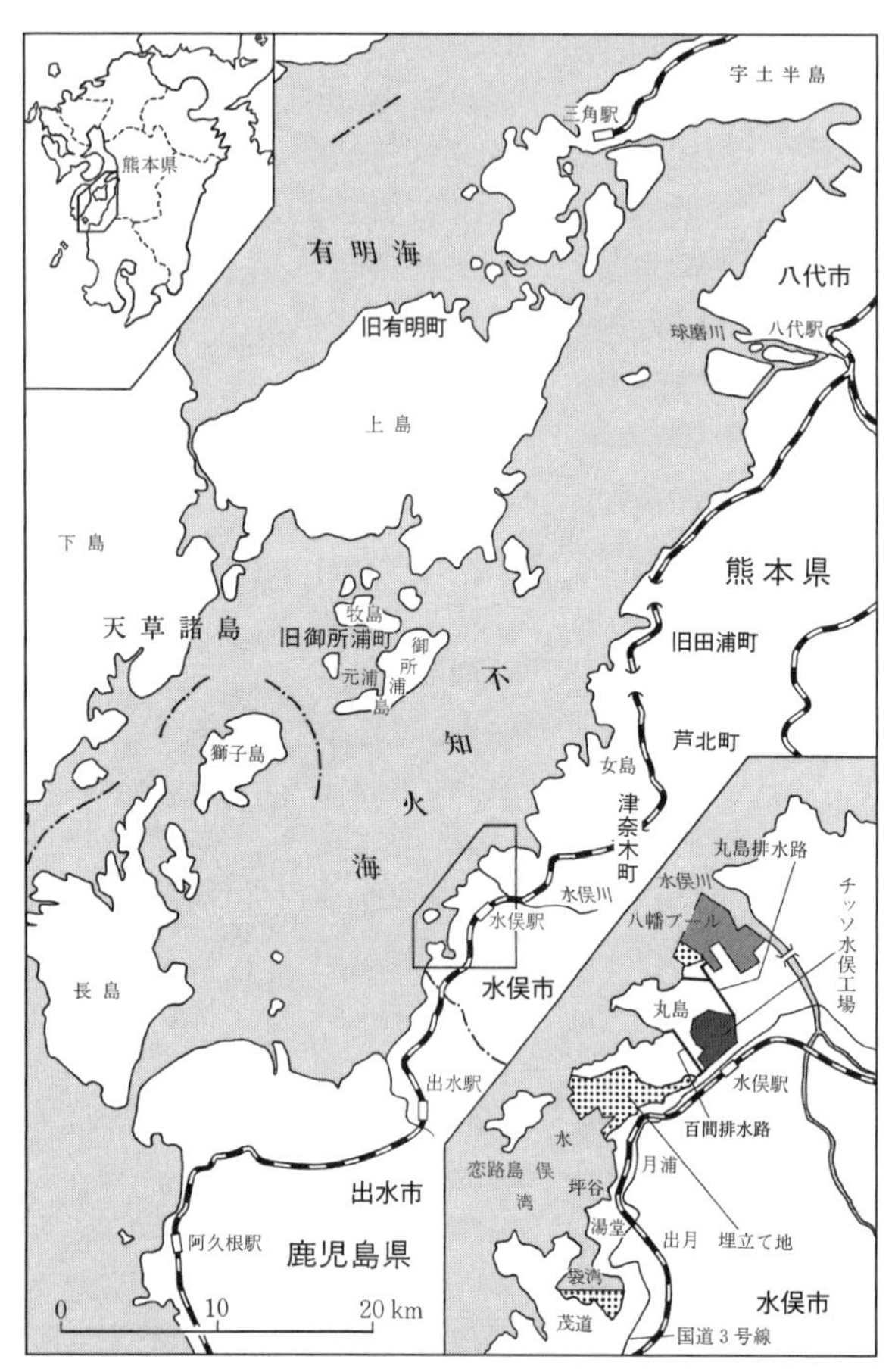

不知火海沿岸図と水俣市概要図

石牟礼道子

まなざしだけでも患者さんに

みなさま、ようこそおいで下さいました。ありがとうございます。

もう、五七年でしょうか(公式確認から)。

お一人、患者さんがおられるお家の中に行ってみますと、お一人ではなくて、認定申請をなさったり申請が通ったりなさるお家には、必ず、ご兄弟の方、おじいちゃんやおばあちゃん、三代くらい患者さんがいらっしゃると思ってほぼ間違いない。

それは、みなさん地域社会に大変遠慮をなさいまして、一軒の家から一人名乗り出るのも心苦しいのに、まだあとにも兄弟がおります、子どもがおります、おじいちゃんやおばあちゃんも、病み伏しております。そうおっしゃるのがとてもお辛いので、一人にしておこうとお思いになって。

お一人ではないんです、一軒のお家からお一人だけ名乗り出られても。それを行政は全然察することができない。察しても聞かないふりをしておりまして、五七年というのも違うんです。みんなが知らない、数のうちに数える前に、人間ではないような声を出して苦しまれて。

わたくしの家は、まあ家族もわたくしがこのような所でお話しするのを今日(二〇一三年四月二一日)初めて見たと思うんですけれど、わたくしの家は水俣川の川口にございまして、川口というのは海の潮も来るところで、その一番下流にある水俣大橋の袂に避病院がございました。避病院というのはご存じのように、伝染病にかかった方たちが収容される病院でございまして、そこに最初のうちはあまりにひどい方々が収容されたんです。それで昼となく夜となく、呻き声を出される。そのお声が人間ではないようなお声で。家族の方が、わが産んだ子とも思えんような呻き声。ベッドに寝かせておくと、手足を縛りつけておいても、あまりの苦しさに天に向かって、こう、ギリギリ、ギリギリ舞いなさる。それでベッドの上に縛ってある紐やら帯やらがちぎれて下に落ちなさる。

ちょうどそのころ、息子が結核になって水俣市立病院の結核病棟に入りましたので看病に行きますと、隣に新しい病棟ができて、奇病病棟と言っておりましたけれど、そこからも呻き声が聞こえてまいりました。今でも思い出しますけれども、何かにつかまろうとして、こう、爪の跡が、真新しい奇病病棟の壁に真新しい爪の跡が付いているんです。

夏は戸を開けてありますから、その前を通りかかると、目が合いそうになりますのでお辞儀をいたしますと、お辞儀を返して下さる方もいらっしゃいますが、胸の上に載せておかれた漫画本のような、週刊誌のようなものを、人が通るとぱっと立てなさる。つまり他人にお顔を見られたくない、そういうことをなさる方もいらっしゃいました。そうして亡くなられて、火葬場に連れていかれるんですが。

わたくしの部落には避病院の先に火葬場がございました。わたくしの小さいときは水俣の町のほうに住んでおりましたけれども、お葬式を見かけますとあまりよく存じない方でも、道を通る方たちは立ち止まって合掌しておりました。でも、その避病院で亡くなって火葬場に送られる方たちは、どこのどなた様だかわからないのでございます。

それでもそこらの畑で鍬（くわ）どりをしていた方たちが、「あらぁ、どこの仏様じゃろうか。避病院に来て死んなはったばいな」と言い合って、一人で鍬をやっていた方も鍬を置いて死人さんに向かって合掌なさって、でも誰もお葬列に加わらない。畑のあちこちにいる見も知らぬ方たちからお見送りを受けてあの世に行かれました。そういう時代が続きました。

生きているときも、五十数年水俣病を抱えた一家がどのように苦しい思いをしてこられたことか。行政の長、長だけではありませんが、一分でも一秒でも考えてみたらわかると思うんですけれども。窓の外からご挨拶してもご自分を隠したい、そういう方のお苦しみ。一言もご自分の思いを語れない、箸も握れない。そういう方々のお心の中を思いやる情け、情けがあれば思いやってよさそうなものですけれども、思いやってもらえない。

人は何のために生きるのか。どういう関係であれ、人様との絆、心の絆をもてたときに、人間は生きているという喜びがあるのではないでしょうか。それなのに苦しいともうれしいとも一言も言えない。何か尋ねたいことがあっても、こんなはずではなかったと思っても言葉を交わすことができないということがどんなにお寂しいことか。

わたくしは文章を書いておりますから、そういう状況の水俣をいろいろ訴えてまいりましたけれども、受けとって下さって、見も知らぬ方々のお世話になってきました。長い間、よくお世話をして下さいました。この場をお借りして、ご縁のあった方々にも、ご縁のなかった方々にも、わたくしはお礼を、お礼を申し上げる資格はないのでございますけれども、高い所からではありますが、お礼を申し上げたいと思います。本当に長い間お世話になっております。

でもまだ解決いたしておりません。今生きて苦しんでいる方たちの息が切れそうなときに、まなざしだけでいいのです。言葉でなくても、目で、そのまなざしで、私たちのことを思っていて下さると患者さんに思っていただければ。

もう、そのご恩返しはできませんので、それが水俣の、この問題を考え続けてきたわたくししとしてはあまりに辛うございます。それで、ここに詩を書いてまいりました。題は、「まぼろしのえにし」でございます。わたくし自身も、たくさんの方々と縁(えにし)をもって、おかげで人間の絆というものを、テーマとして考えさせていただいてきまして、拙い作品を書いてまいりました。お一人お一人、どのような行く末になられますことか。

みなさまのご幸福を祈らせていただきます。

お聞き苦しいかもしれません。読ませていただきます。

浜元二徳

私たち一家を襲った恐ろしい公害病

私は中学校を出て上の学校には行きませんでした。進学すれば漁を手伝う人がおらんと両親が言うので、まだ艪が多かったころですが、動力船を造って三人で漁をしていました。私の記憶では昭和二七、八年(一九五二、三年)頃から海が汚れて魚が浮上したり、水俣湾に面した所のカキやアサリが口を開けてダラッとしとる。藻とかワカメは根こそぎ浮いてきとるような状態だったです。今の水俣湾しか知らん人は「本当かな」と思われるでしょうが、一〇センチぐらいの小魚がたくさん死んで浮いてましたし、五、六十センチの大きなスズキとかチヌが水面であっぷあっぷしてるのも見ました。もちろん獲ってきて食べたし、市場に出したり、近所にもあげました。

そういう状態の後、私の家では猫が三匹狂って死にました。よだれをたらしてヒョローヒョローとなったり、すごく狂うて狂うて死んだんです。三匹死んでから後は、もう飼いませんでした。もちろん家の豚も鶏も死にました。

そのころはボラ釣り漁でしたから、餌づくりは大きい平釜に水を入れて、蚕の中にいるサナギと糠を入れて炊いて大きいシャモジで練ってダンゴにして、翌朝それを目籠に入れて天秤にかけて担って、毎日汽車道通って（海に）行くんですが、その日に限って枕木につまずいてこけたんです。「あれ、おかしかね。いつも担っていくのに。今日は量が多いわけじゃなかもね」と思ってかついで行ったら、また海岸でつまずいてこけたんです。二回こけて、「ああ、こりゃおかしかね」と、このしびれとふるえに初めて気付いたわけです。そのとき私の後ろから、五つ年上の近所の中津さんが「二徳、どげんかありゃせんな」と。「うん。今日は二回つっこくっとたい。なんでじゃろうかねえ」と答えたら、「俺もたい」と言うわけです。「そんなら、病院行こう」ということになりました。

それを親父に言ったら怒られました。親父は体が大きかったし元気よかったので、私が「なんかしびれて今日はもう二回もつっこけたもね」と言ったら、「お前どもは、幼児ゴレじゃっで」と。天草言葉で体の弱い者のことを言うんですけど、「幼児ゴレじゃっで、そげん変な病気ばつかまゆっとたい。じゃが具合い悪ければ仕様なか」と。

市川医院に行ったのが昭和三〇年（一九五五年）七月二〇日です。そこで、住所、氏名、職業とか書かされるわけですが、もうガタガタふるえて、書こうと思えば思うほど書けないわけです。緊張してふるえて、何と書いたかわからんほどで。診察してもらったら「うーん。

こりゃ疲れたい。きつかろうが」と言われて、もちろんきついですから「はい」と答えたんです。「朝早よから晩遅くまであまり頑張るからたい。だからうまいもの食べてゴロゴロしとれば一〇日ばかりで良うなる」というので「先生、うまかもんって何食べればよかろか」と言ったら「とにかく好きなもん食べればよかったい」と言われたんです。それで、刺し身は好きだし、煮魚は好きだし、焼き魚も好きだし、獲ってくるからたくさん食べたわけです。

ところが、一週間、二週間経つころにはしびれが手から腕の方にだんだん上がってくるようで「こりゃつまらんねえ」と思って、別の医者に行って、次に市立病院にも行ったけど、やはり同じで「疲れですよ。もう一週間もすりゃ良うなる」としか言われんから、今度は鹿児島の方に行って二軒かかったけど二軒とも同じ結果です。一軒めは切通の灸すえる所へ行ったんですけど、ここでも「疲労ですたい。三日ぐらいすえればよか」と言われたんで、三日通ったけど良うならんし、家でおふくろに焼いてもらっても変わらんだった。それで出水の医者にかかったら「これは疲れと思うけど大学病院に行ったかね」と言われたわけです。

「いえ、行ってません」と言ったら、「大学病院に行って治らなかったらまたおいで」と言われ、「こりゃ頼もしかこと言わすねえ」と思ったけど、良うならん。

いろいろ回っているうち五軒にかかって、また最初の市川医院に帰ったときにはもう二か月経っていました。この先生が「どういう治療をすればいいかわからんから、熊本大学病院に治療の方法の検査に行きなさい」と言うんです。それで熊本大学の九品寺（くほんじ）分院に行ったら、大きい機械の中に入れられて、息はするなとか、キョロキョロするなと言われながらいろいろ検査されたんです。そのとき市川医院から持たされた紹介状には、「この青年の仕事は漁業であるから、（アセチレンガスを出す）カーバイトを（ランプに）使っている。だからひょっとしたらアセチレン中毒ではなかろうか」いうことが書いてあったそうです。

亡くなった第一内科の勝木（司馬之助）教授が診て、即刻入院でした。しかし入院して検査したけど異常ありませんでした。でも、やはりしびれとふるえがあるので、一応一週間の予定で入院したけど二〇日かかりました。その間に注射と薬を飲まされましたが、それが治療のためか、検査のためかはわかりませんでした。ところが、熊本大学に二〇日間入院してたら、しびれが止まったんです。後で考えれば、水俣の魚を食べなかったから（病気の）進行が止まったんだと思いますが、はっきりわかりません。

そのときの検査で、脊髄から液を取られたのが一番きつかった。頭を股に突っ込んでエビのように（体を）曲げて、脊髄の骨（の間）に太い針を刺すわけです。その痛さも痛さ。そうして刺した針の管からタラッと出る液を試験管に受けるんですが、曲げてるのもきつくて。やっと八分目くらい取ってやめるときになって、看護婦だか医者だかがひっくりかえした。それでもう一回させろと。私はもう頭にきたわけです。脊髄にはそんなに液が溜まっているもんじゃありません。はじめはタラーッと出てくるのに時間が経てば経つほど、スタッ、スタッ、です。試験管に溜まるまで三〇分もかかって、検査はこれが一番きつかった。今では麻酔するから全然わからんようですけど。

それで、(次の)中津さんのを見ていたら「浜元さん、ものすごく頭の痛うなるから寝ときなっせ」と言われたけん、寝て見とったら、彼は五分もかからんで脊髄の液のきれいさ、きれいさ。試験管に何も入っとらんみたいに透き通って。その後、中津さんは一九日で帰ってよかいうことでしたが、「浜元さんのは血液の混じっとったけん、もう一回脊髄から液採らんば」いうわけ。「いやあ、こりゃあもう、また液採られりゃ四、五日動けんが」って思っとったが、夕方になったら「浜元さん、もう退院してよかですよ」と言わる。でも、もう汽車もおらん(時間だ)からもう一晩泊まりました。中津さんに頼んでおいたので、姉が私の入院二〇日分八〇〇〇円持ってきたんです。ところが一万一〇〇〇円かかったんで熊本の親戚から借りて払ったんです。考えてみると、全部は健康保険が利かんようでしたし。

帰って明くる日、熊大の先生の紹介状を持って、市川医院に行くと、「やはりわしが言ったようにアセチレン中毒じゃった」と言うんです。「そうですか。でも自分は学校卒業してまだ三、四年しかならん。両親はもう何十年ってカーバイト使ってきたのに、なして」と言うたら、「んー。そうじゃねえ」って言わす。じゃが、私はもう漁業やめました。漁は両親だけでして、自分は窪川組の土方(建設作業)に行きました。そうしたら、たまたまその日は(チッソの)会社運動会だったんです。昔の会社運動会は、トラック一周が四〇〇メートルもある塩浜グラウンドへ水俣市民がたくさん見に行きよった。日曜日で休みだったけど、会社が「来てくれ」というので、私たち三人は八幡(はちまん)残渣プールに(仕事に)行きました。道の下を通っていたヒューム管は、カーバイト(工場)から酢酸工場に行って、酢酸工場で溶かしたカーバイトかすをこの道の下のヒューム管を通して八幡の残渣プールに流しよったわけです。そのヒューム管が破裂して流れんから、ゴム長はいて修理しよったら、家の近所の人が通って「なんや二徳さん、土方に来っとや。ならチッソ受けてみらんや」と。もともと土方とか長くするつもりはなかったので、昭和三〇年の一二月にチッソを受けました。

この昭和三〇年といったらチッソはとにかく儲かって儲かって笑いが止まらんときです。チッソの(採用)試験に、南は阿久根、北は八代(やつしろ)から受験者がワーッと集まってきたわけです。もちろん就職難(の影響)もあったと思うんですけど、チッソとしては一次試験で終わるつもりが身体検査と口頭試問の二次試験もやりました。その口頭試問は、たとえば今の市長は誰か、総理は誰か、日本の人口はどのくらいか、この工場では何を作っておるか、あるいは誰を尊敬するかとか、いろいろ出ました。考え込んでしまえばダメと聞いとったので、ポンポン言いました。それで昭和三〇年一二月二二日から工場に勤め始めました。そのときは少しふるえがあったけど、左足が少しびっこ引くかなというくらいでした。初めの日は会議室で説明があって工場見学して午前中で終わり。それでも会社は一日分払ってくれました。その当時、日当二七〇円って良かったんです。土方が最高で二五〇円。チッソの工員がおそらく三五〇円か四〇〇円だったから。

昭和三一年になったらこの病気が増えたんです。あそこの娘が、ここの親父が、あそこのおばさんがって、もうバァーと出たわけです。それで伝染病とか言われたんですけど、何でそう言われんばいかんかと思うことが何度もありました。たとえば、私の家は道下ですが、そのころはまだ防風林(生け垣)が小さくて通る人が見えたんです。そこを、口に手を当てて急いで通ったり、(家に)たくさん用事があってもチョコチョコっとだけしゃべって帰ったり、「あんまりあそこに行ってしゃべらんごつせんば」「うつるからお茶飲まんごつせんば」というようでした。

そのころ胎児性(患者)の人たちが生まれるけど、首がすわらん、歩けん、いつもワーワーおめいてばっかおって、最初の病名は脳性小児マヒです。それから一人死んで解剖、二人死んで解剖、いろいろ研究されて、脳細胞が破壊されとる所見で、母親が食べた水銀が栄養と一緒に子どもに行ってしまった胎児性水俣病とわかったのは後のことです。

そういうなかで、私は三一年になって仕事に慣れまして、四月から三交代を命じられました。三交代というのは、日勤が朝八時から夕方一六時まで、前夜勤が一六時から深夜二四時まで、後夜勤が二四時から朝八時までなんですけど、前夜勤は一九時三〇分から二〇時三〇分にかけて飯を食うわけです。一台の機械に八人付いてますから四人ずつ交代で食うわけですが、飯食う番になったらガタガタふるえ出した。発作です。「あいた、また病気が再発したか」と思ったですが、「なんか寒気がして飯はいらん」って言って、それで事務所で「具合いの悪かればしょうがなかたい、帰らんば」と許可を受けましたが、上がりの風呂場に着いたらもうふるえは止まっとるわけです。けど、もう休みももらったし、五日交代だから、日勤五日、前夜勤五日、後夜勤五日で、明くる日も前夜勤なので一五時三〇分に家を出ればいいわけです。それで会社病院(チッソ付属病院)に行きました。そうしたら今は亡き細川(ほそかわ)

(一)先生がおられて「ああ、去年入院した浜元君か。熊大から通知が来とるぞ」って、奥の机から持ってきたわけです。「昨年入院した青年はアセチレン中毒にされとったが今流行りの奇病である」という通知を見せられて、もう一回入院する気はないかと言われたので、「はい、したいです。でも去年入院したらとにかくお金がかかったので、どうしょうもありません」って言ったら、「いや、もう金はよか」と。それは学用患者としてということで、すでに水俣から何人か、熊大病院に行っていました。さらに今の敬愛園(水俣市月浦)は避病院だったので、そこにも何人か入っていました。

私はそのとき……、まだ二〇歳です……。この病気……、病気を直したくて……、一生懸命だったわけです。私は前島さんと行くことに決めました。

その夜はお客さんがあって、私は三男ですけど次男が養子に行くための口利きに来られた方と親父が飲まったわけですが、寝るまではどうもなかったです。そのころは、今埋め立ててある馬刀潟にエビ貸し網をたぐり(上げ)に行くため朝早う起きとって、いつも親父が私を起こすばってん、その日に限って親父が起きらんもんで、「起きらんば」と言うたら起きらったが、こげんずーっと家の中を見渡すわけ。「おかしかね、へんなことばしよる」と思うとったら「いーまーなーんーじー」と、こうなんです。これ聞いてドキッとした。口がかなわん。「五時前」と言うたら、「はあー」と、今度は耳が聞こえんわけ。そして「ああー」とバカんごつしとる。「こりゃ大変じゃ」言うて、どうせ自分が会社病院に行くから親父も連れていきました。親父は「俺あな、ハイカラ病になったで今から病院に行たくって」と言いながら、ヒョローヒョロー行きました。ハイカラ、流行、要するに流行病になってしまったということです。

会社病院では、細川先生が「君は前島さんと熊大に入院する予定だったけど、親父さんも奇病だから容体を二、三日診よう」と言うので、明くる朝は肩組んで連れていき、三日目になると「よいしょ」とおんぶするような格好で連れてったら、細川先生が驚いて「こりゃ早く熊大に連れていけ」と。それで私と親父は前島さんと奥さんと、市役所の衛生課の渕上さんが付いて一番列車で行きました。八代あたりから、通勤通学の人でスシ詰めでしたが、親父が途中で煙草のむ仕草するけん、私も手がふるえるけど、巻き煙草を半分に切ってパイプに挿して火を点けてやったら、煙草をパーパーふかす。ところが親父の手がふるえるもんだけん、通路に立っとる人みんながジロジロ見よる。たまらんけん「見せ物じゃなか。あんまり見らんごつせんな」と言わんばならんかったです。

そういうことで熊本駅に着いた。普通列車だったので五番ホームか四番ホームか。さあ、階段はどげんして上がろうかとなった。まあ、私は発作も止まったし、前島さんもどうにか歩けたので、親父を真ん中にして渕上さんと私がこう(両側から)肩組んで階段上がってタクシーに乗って熊大病院に行きました。今、藤崎台球場になっている隔離病棟です。大きいクスノキがある所に六つ七つ、兵舎だった長い棟があって、そこの結核患者の人たちが、「水俣のシンケイが来た」って言うんです。自分たちも結核でありながら、そのころは差別言葉がよう使われましたから。

そこに入院。もちろん水俣から先に何人も入院していたけど。やっとベッドに着いたら今度は親父が暴れて暴れて、とにかく暴れる。日が経てば経つほど、狂っていったわけです。ああいうときはもう意識がないわけです。脳自体が破壊されとるからもうわけわからん。押さえても押さえきらん、飯も食えんから衰弱してしまって、鼻からゴム管入れて流動食です。そしたら今度はおふくろが連れて来られた、入院しに……。

いや、もう……、一軒から三人も……、かかって……、泣きました。そして「先生、もう三人ですけど伝染病ですか」って聞いたら「違うな。伝染するなら細菌があるはずだがね、われわれも一生懸命探したが細菌がない。だから伝染病じゃない」と先生がはっきり言うたんです。でも半信半疑でした。

そこは病院といっても、あっちの隅に誰、こっちの隅に誰というような所でした。親父が暴れるもんだから、本当に苦しそうで早よ死ねるもんなら死ねればよか、という状態だったです。それで個室になりましたが、もう危ないというので、おふくろには黙って親戚を呼びましたが、もうやせ細って、ただ「ハー、ハー」って呼吸してるだけですが、注射(の栄養)で生きとりました。それで「先生、注射やめてください。もう息を切らしてやりたい」と言いたかったけど、言えなかったです。それから三日三晩、親父は生きとったわけです。

親父はまだ五六歳で、そんなふうに死んだんですけど、死んだらさっそく熊大病院から解剖させてくれと依頼です。学用患者でしたけど拒んでもよかったので、叔父さん叔母さんたちは「生きとるときに大変苦しんだから死んでまで切ったりせんでよか、そげん必要なか」と猛反対でした。それを私と兄貴と相談して、「(解剖)させよう。親父はもう死んだんだ。解剖して原因がわかれば、僕も水俣から来とる人たちも良うなるかもしれん」と言って解剖させました。そのときはもう夜で、私は患者なので解剖には兄貴が立ち会いました。解剖といっても兵舎の跡なので、小さい部屋にただ水槽、バケツ、鋸、ヨキ(斧)、ハサミ、木枕、台があるだけです。頭の毛をジャリジャリ切って鋸でこうして、上から叩けば頭が割れる。死んでから長く経ってないから血がドッと出てくる。それを水槽の水でサーッと流す。脳ば取って、肝臓ば取って。済んでガーゼに巻いて棺に納める。そらあ、魚をさばくより簡単だったそうです。

親父の本当の命日は昭和三一年一〇月四日なんですが、もう夜で市役所が開いてないので五日になってます。よくテレビやら本やらに載ってるんですけど、親父の発病から死んだ日まで、私は一九日だと思うんですが、姉は二一日と言うし、本によっては五〇日になっています。とにかく親父は劇症で早かったんです。そういうことで、親父の体は熊本大学医学部にホルマリン漬けになってだいぶとってありました。

私は昭和三二年に退院しました。会社(チッソ)に職を求めたら、すでに会社は私が奇病であることはわかっていました。でも軽作業にしてもらえたわけでなし、製品係で人並みに働いてきたわけです。

おふくろはもうずーっと寝たきりで、死んだのは発病してから四年。全身しびれて、普通の人が聞いたら言葉もわかりませんけど、私たちが聞けばわかるという状態でした。

熊本大学は昭和三一年の秋ごろから水俣に調査、検診に来まして、三四年夏、有機水銀中毒であると発表したわけです。それで漁業補償の話になったので、一番困っとるのは患者なんだと補償を求めました。そのころ、工場は会社病院の（排水投与）猫実験で排水が原因と知ったんです。

工場は（南の）水俣湾周辺に患者が出てきたので、（排水が疑われだした）昭和三三年九月から（北の水俣川河口の）八幡排水プールの方に行くヒューム管パイプにアセトアルデヒド排液を混ぜて流すように変えました。八幡プールで残渣は沈むけど上澄みは川に流れたわけです。そうしたら八幡（から北）の方に病気が出たので水俣湾に戻して、また長年続けたわけです。その挙げ句、チッソはサイクレーターというのを造って「これで安全」と宣伝したけど、設計段階から水銀（化合物）は取り除くことができないとわかっていながら造って、完成したら吉岡（喜一）社長がコップに処理水を入れて飲んでみせて安全宣言したわけです。本当は（水道水なのに）偽って。これは当時の新聞の写真や、私たちの裁判の証言ではっきりわかったんです。そういうようにチッソは私たち患者家族を騙して、人間ば人間と思わんような製造を長く続けたから、それが水俣病となって出たわけです。

昭和三四年、工場に一か月座り込んで補償を求めたら、工場は「うちが原因ではない」と言いながら漁業補償したので、その（熊本県による）不知火（しらぬい）海漁業紛争調停委員会が患者もこの見舞金契約を呑めと勧告したんです。昭和三四年一二月三〇日、要するにあと一日で新年。

年を越せるかどうか、とにかくどん底なのでやむを得ず私たちも呑んだわけです。

見舞金契約に調印したけど、この四条、五条が問題なんです。これを読みますと、「四条、甲は将来水俣病が甲の工場排水に起因しないことが決定した場合においては、その月を以って見舞金の交付は打切るものとする」。「五条、乙は将来水俣病が甲の工場排水に起因する事が決定した場合においても、新たな補償金の要求は一切行わないものとする」と。この五条が(裁判のとき)、私たち患者に非常に重くのしかかって、どうなるやろかと思いました。その契約内容を見る余裕が(調印当時の)私たちにはなかったということです。この病気になるまでは平凡な生活をしてきたけど、病気になったらどん底の生活。世間からは差別受けるし、もう誰からも金を貸してもらえない状態でした。

この四条、五条、これだけは絶対に知ってもらいたいんです。この見舞金契約は、私たちの裁判(の判決)で、(チッソが猫実験で原因を知っていたのに隠して調印したから)公序良俗違反で無効になりましたけど、こういう本当のことは知ってもらうべきだと思います。これは今さらチッソが悪いとか言いたいからじゃなくて、本当のことですから。言いにくくても本当のことを言わんから、いろいろ中傷・批判が出るんじゃないかと思います。

妹二人も学校に行ってたころ、差別を受けたそうですけど、妹たちは具体的には何も言いませんでした。近所の人からです。どれだけ中傷されたかわかりませんが話してくれませんでした。私の部落にはこの病気のために(貧しくなって子どもが)学校にも行けない家がありました。私も、たとえばバスにスシ詰めで乗っとれば、私が病気にかかっていることを知っとる人は私の近くに来んわけです。買い物に行っても、品物やお金を直接受け取らんで「そこに置いとき」というやり方です。私には買い物のときの仕打ちはなかったけど、とにかく言葉にできんような態度です。

先ほど言ったように、見舞金契約のときチッソに座り込んでいました。そのときのチッソは従業員が四〇〇〇人、下請けまで含めて五〇〇〇人です。水俣の人口は五万人だから、約一割がチッソで、正門から三六〇〇人、丸島門から一〇〇〇人から一五〇〇人、東門から何人というふうに出入りしとった。正門の脇に座り込んどる私たちに対して、ツバを吐きかけんばかりに行ったり来たり通りよったわけです。「おまえどもが座り込んだって会社が原因じゃなか」っていう方向の仕打ちです。市民の人からは誰一人「きつかな」という(いたわりの)言葉はありませんでした。チッソあっての水俣、チッソあって生計が立ってきたという観念がずっとありますもんで、みんな惑わされとるというか、要するに水俣ではチッソに対して言葉を投げることもできんかったわけです。逆に反発が患者に回ってくるような状態でした。補償金が出たら「あんた家はよかな」。その前は差別だったけど、お金をもろうたら今度は恨みが妬みに変わって。お金をもらわんときは「伝染病」「奇病」と言われたし、人間がこの病気をつくって、さらに人間がこういう誹謗をするのが延々と続いてきました。

だから、私は再三言うんですけど、このような恐ろしい水俣病を出す社会、地域を絶対またつくってはならんから、ここにおる(水俣の)皆さんの前でも私の体験をありのまま話すし、皆さんにも受け止めてもらいたいと考えています。

吉永理巳子

亡き人びとの声を伝えたい

今年（二〇一六年）、熊本では大変大きな地震が起きました。幸い水俣はほとんど被害を受けなかったんですけれども、遠くの皆様から多くの励ましと支援をいただきました。この場をお借りして御礼申し上げます。

私の娘も（被害の大きかった）益城（ましき）に嫁いでいまして、命からがら逃げ出して、今、子どもを連れてわが家に避難しています。娘たちは幸い難を逃れたんですが、自分たちだけ避難していいんだろうかって言います。生まれて二か月と三歳の、まだ小さい子を抱えていますから、娘はまだパジャマを着て休むことができないんです。いつでも飛び出せるような状態で休んでいます。体験した者でないと、本当の怖さはわからないですね。

毎年、水俣で行われる水俣病（犠牲者）慰霊式も、今年は地震で延期になりました。慰霊式が行われるあの（無処理の水銀ヘドロの）埋立て地に震度七の地震が起きたらどうなるか、その怖さを私たちはいつも抱えているわけです。

六〇年前はまだ埋立て地はありません。まだチッソが有機水銀を流していました。私は、そんな水俣湾のすぐそばで一九五一年（昭和二六年）に生まれました。生まれて育った明神（みょうじん）の記憶があるのは四歳ぐらいからで、漁師をしていた祖父は私が五歳のときに発病しました。水俣湾の入り口に恋路島(こいじ)という可愛らしい島がありますが、姉たちに聞くと、爺ちゃんがしょっちゅう子どもを舟に乗せて魚釣りに連れていってくれたと言いますから、私はまだ小さかったけれどもその中にまぜてもらっていました。手漕ぎ舟の上で釣り糸を手に持って釣った記憶があります。

水俣湾は、祖父たち漁師にとっては魚を獲る大事な場所ですけれど、私たち子どもにとっては遊び場でした。子どもが遊びに行くのは海辺なんです。夏は学校から帰るとすぐ家の下の海に行って泳いでいました。ナベコサギっていう小魚を釣ったり、糸の先にジャガイモのさいの目切りを付けて波止場の岩の間に垂らせば、小さなカニが釣れました。

明神は細長い岬になっていて広場がないんです。けれども海に行けば、引き潮のときには砂場ができました。砂でトンネルを作ったり、砂山に埋めた輪ゴムを釣って遊んだり、(半分に切った)ドラム缶に砂を入れてサツマイモを蒸し焼きにしたり、水際に行けば小石が見えてキラキラしたきれいな海です。そんな遊びで海と一緒になって暮らしていました。まさかその海の中に毒が入っているなんて思えないです。魚や貝を獲るのが楽しみだし上手で、今日村の人たちからも頼りにされながら犠牲になった人が明神にはたくさんいるんですが、今日は私の家族の話をしたいと思います。

私の家では、父が最初に水俣病になりました。父はチッソの工場に勤めていました。口元がモヤモヤしてしびれる、話しづらいと言い始めたのが最初です。

父はやはり魚が好きだったんです。チッソに勤めていても夕方帰ってくれば、下に降りていってタコや魚を獲っていました。休みの日には、職場の皆さんを舟に乗せて恋路島まで獲りに行ったりしていました。仕事に行くときのお弁当箱の中に刺し身を持っていったそうです。驚きますよね。刺し身も新しいから持っていけます。夜獲った魚を刺し身にして職場の皆さんと食べるわけです。


チッソに勤めていても地元の人は父と同じように魚を獲りに行って食べていました。今でも家のそばの畑に来る叔父さんたちは釣り竿を持ってきます。畑仕事の合間に魚を釣って、夕食のおかずにするんです。それくらい海が近い、海との関わりが深いんです。

水俣病公式確認六〇年といいますが、父が発病したのはそれより一年前です。手がしびれて震えて、力が入らないって言い出して、チッソの付属病院で診てもらったんですが、そのときにはまだ原因も何もわからなくて、熊本大学の病院に行きました。そこでもわからず、結局はチッソの付属病院に帰って入院しました。

父は手先がチリチリしびれて文字が段々書けなくなっていました。入院した日、手帳に「八月二〇日　大矢（おおや）二芳（つぎよし）」と書いています。翌日も日付と名前を書いているんですけれども、その文字がガタガタ震えていました。なぜ自分の手がこんなになってしまったのか、父は怖かったと思います。ベッドでいつも「いっちょん良うならん」と嘆いていました。母は付き添っていましたが、父にしてあげることはあまりないんです。手足を摩擦してあげることぐらいでしょうか。このころの私はまだ三歳ですから、よく覚えていないんですが、母に連れられて何回か病院に行っています。注射液の入っていた灰色の箱を看護婦さんにもらって宝物になったこと、それと誰だかわからない「あー」っていううめき声を覚えています。父の記憶はそれくらいしかないんです。

入院している部屋から一度父がいなくなったことがありました。どこに行ったのか、母が私の手を引いて捜しまわったら病院の外に出て、すぐそばにあるチッソをずうっと眺めていたと。声を掛けられずに黙って帰ってきたそうです。父はそのころまだ三十六、七歳です。もっと仕事をして家族を守りたかったと思うんです。だから入院して一年後、少し元気になったら退院してしまいました。入院していれば命は助かったかもしれない。しかし退院したので、また魚を食べ始めました。

　父が退院したのは一九五六年の五月二八日です。保健所も五月一日に（原因不明の病気発生の報告を受けて）公式確認したばかりですから、はっきりした原因はわからなかったでしょうが、魚が危ないとうすうす気付いていたなら、そう言ってもらえれば食べなかったと思うんです。せっかく退院できるくらい元気になったのに、知らないからまた魚を食べてケイレンがひどくなっていって、再入院の二〇日後、三八歳で亡くなりました。その一か月後、今度は祖父が発病したんです。

　私が記憶しているのは家の猫が、冬に変な鳴き声を出すようになりました。よだれを垂らしながらコタツから出てきて、真っすぐ歩けずに障子や壁にぶつかって、庭でクルクル回って、すぐ下の海に落ちていきました。そのときはわかりませんでしたけど、今考えてみると私の飼っていた猫は水俣病で死んだんです。その猫も、保健所（所長）の伊藤蓮雄さんが家に連れてきたんです。そのとき五〇〇円もらったんですが、何のお金かわかりませんでした。それは、奇病で亡くなった人の家に元気な猫を飼わせて、猫が発病するかどうか実験していた、その猫の餌代として置いていったお金だったと知りました。

　ショックでした。猫は私たちが食べている物と同じ物を食べます。キャットフードなんてまだないころです。どこの家でも食べ残しをあげていました。猫も魚を獲って食べるし、同じ物を食べているわけです。それなのに私たちには魚を食べるなと言わなかった。近所の家にも猫を連れてきて、そこでも発病しています。猫の実験だけれど……、私たちも……、私たちも実験動物と一緒じゃないか……。そんなことは知らずに、私たちはいつものように海で遊んでいました。

家族が次々病気になって三人が亡くなっても、私は幸い命を失うことなく、これくらいの症状で済んでいます。「これくらい」といっても、どの症状が水俣病で、どの症状は違うのか、本当はよくわからないんです。それは物心ついたころからずうっといろいろな症状があるからなんです。肩がひどく凝るのも、こむら返りが来るのも、なかなか治らない頭痛も、誰でもあると思っていました。水俣病のせいでそんな症状が出るとは知りもしませんでした。

私が若いころは、父や祖父や従妹のような典型的な症状の人だけが水俣病だと思っていました。家族や近所の人も私と同じです。自分が水俣病のはずがないとずっと思っていました。だから私たち姉妹は水俣病の患者認定申請を一回もしたことがないんです。

幸い母と二人の姉は生きていますが、兄は大学一年のとき亡くなりました。直接的には胸にできたガンでした。兄の体に水銀の影響があったかどうか調べてないからわからないんです。けれども小学生のころ、父を早く元気にしたいとよく魚獲りに下(の海)に行って、フラフラ上がってきた魚を捕まえてきたのを知らずに、父も私たちも一緒に食べていました。兄自身も食べているわけですから、水銀の影響があったのは間違いないでしょう。

今考えれば、当時は誰が発病してもおかしくない状況だったんです。近所に住んでいる三歳下の従妹も一緒に海で遊んだり、ままごとをしていましたが、二歳のとき急に歩けなくなって言葉も出なくなってしまいました。小学校に入る年齢になっても行けませんでした。私は先生のまねをして、学校で習ったことを教えたりして遊んでいました。

そのころは、父のこと、祖父のこと、従妹のことは言えませんでした。水俣で水俣病は嫌な病気、恥ずかしい病気なんです。水俣病という刻印を押されてしまうのが怖くて仕方なかったんです。だから長い間家族のことを話せませんでした。

祖父は体が硬直して言葉も出ないまま、九年間家で寝たきりになっていました。その間は家に友だちを連れてくることができませんでした。連れてくれば寝ているのを見られてしまいます。「祖父は水俣病」なんて絶対言いたくありませんから、なんとか逃れたい気持ちでいっぱいでした。

私は、ものを言わない子どもになっていました。小学生のとき、男の子たちにからかわれて追いかけられ、泣いて帰ったことがありましたけど、それでも誰にも言えませんでした。水俣病は恥ずかしい、みっともないという思いがずっとしこりになっていました。

いじめをしていたこともありました。今では恥ずかしいし申し訳ないと思いますが、自分がいじめられたりすると、同じような女の子をつねったり、嫌がらせをしてしまいました。同じクラスの子のお姉さんが赤痢になったときには友だちに言いふらしました。自分が言われたら嫌なのに、そんなことが忘れられません。

「あそこの人は奇病だ、水俣病だ」と……、言われ続けてきました……。私は水俣病とは関係なく生きたいとずっと思っていました……。だけど自分で、はね除けることはなかなかできないんです。

水俣の人たちも、水俣というだけで変な目で見られてきました。本当は水俣の人も水俣病の典型的な患者の人を見たことないかもしれません。水俣病というイメージが付けられて、ずっと刻印されて、水俣病は嫌だ、みっともないと大人がヒソヒソ言い続けて、水俣病への偏見がずっと独り歩きしていました。私は絶対、水俣病のことは口にしないと思っていました。結婚してからも水俣病のことには、なるべく触れないようにしていました。新しい家族もできましたが生き難(にく)さがありました。人に合わせてしまったり、夫に逆らうことができなくて、言われるままにしていました。息苦しい、生きづらい日が続きました。

そんななかで水俣病と向き合うきっかけがありました。当時、流行っていた自己啓発セミナーに参加して、そのなかで突き詰めて問われたんです。何も言えなくなって先生の目を見ることもできませんでした。先生が目の前に来たとき、もう逃れられないと思って出た言葉が「父が水俣病で死んだんです」。そのとき思い浮かべた光景は父の葬式だったんです。涙が出て止まりませんでした。でも、まわりの人がみんな……、みんな温かい表情だったんです……。私はそのとき初めて、自分はなんでこんなことで心を閉ざしていたんだろうと気付きました。みんなが遠ざかっていくことではなかった。私にとって大きな自信になりました。

そのあと水俣病について書かれた本を友だちから薦められました。『水俣の啓示――不知火海総合調査報告』（色川大吉編、筑摩書房、一九八三年）という本です。水俣病の本を読むとか、人に聞くとか、それまでの私には考えられないことでした。この本を開いて初めて水俣病が起きた経緯、父が勤めていたチッソのこと、水俣病はわが家だけの問題ではないことを知りました。私にとっては、わが家だけの、家族の病気、親戚の病気で、人に話したくないと思っていました。そうではなく、社会的なことだとそのとき初めて知りました。

やっと父のことを考えられるようになったんです。この(壇上の)後ろの写真の中に父も祖父も祖母もいます。親戚もいます。父のことを考えるようになって、父たちが一番悔しい思いをしていたんだと気付きました。自分がなぜ命を落とさなければならないのかもわからないまま、裁判をすることもできませんでした。さぞ悔しかったでしょう。それなのに私は父たちのことを隠していた……。人にも言えなかった……。本当に申し訳なかった。私が一番水俣病を差別していたと気付かされました。それから、父が何を考えていたのか知りたいと思うようになりました。何も知らないまま、何も言えないまま亡くなった人たちの声を聞きたい、考えたいと思うようになりました。そして伝えたくなったんです。

二、三日前、海辺に行ってきました。このところ娘たちが来ていたので、なかなか海に行けなかったのですが、カメノテという小さな生き物に会いました。亀の手によく似ているんですが、ちょうど潮が満ちてくるころ、カメノテが開くことがあります。黒い手みたいなのが出てくるので触ってきました。カメノテと遊ぶのが好きなんです。ヤドカリも歩いていました。

なんでもないことなんですけど、海に行けばあの小さな生き物たちがいて、私たちがここにいるんだと感じます。そんな大切な弱いものが最初に犠牲になるということを水俣病で体験しました。小さい子どもであったりお年寄りであったり、障害を持っている人や、女性が被害に遭っていました。

いまだに水俣では、一人ひとりが、いろいろな思いを抱えて暮らしています。チッソに勤めている人も、そうじゃない人も、水俣病で苦しんでいる人も、そうじゃない人もいます。その絆が切れてしまった水俣の人の心をつなぐのもチッソの責任です。

水俣病のことを知りたいと思ってもそう言えないし、多くの人がチッソの目が怖いと言います。目に見えない力が働いています。チッソが進んで水俣病のことを伝えていく姿勢が問われていると思います。補償をするだけではチッソが責任をとったことになりません。今でもチッソは「一企業」ではないんですから、責任を感じているなら、きちんと水俣の人たちをつなぎ直してほしいと思います。

ありがとうございました。

原田正純

水俣病は人類の宝

こんにちは。みなさん、北海道と水俣は関係なさそうに思われるかもしれませんが、水俣の水銀がどこから来たかというと、実は北海道から来たんです。旭川の近くにイトムカという鉱山があって、朝鮮半島から強制連行されてきた人たちが水銀を掘っていました。一〇年ぐらい前にその水銀のふるさと、というのもおかしいですけど、そこに訪ねて行ったんです。ちょっと中に入ったら怒られたんですが、もう閉山して町も廃墟になっていました。今(二〇〇七年)では乾電池や蛍光灯など水銀廃棄物の処理施設になっているそうです。つまり水銀は北海道からはるばる熊本の水俣まで運ばれてきて、工場から流されて魚や貝に蓄積して、それを人が食べて水俣病が起こったわけです。このように北海道と水俣は長い糸の両端のようにつながっている、そういう関係があったわけです。

本題に移りますが、水俣病の発生が公式に報告されて去年でちょうど五〇年になりました。今日は水俣から患者さんがたくさん来てくれましたけれども、胎児性の患者さんたちももう五〇歳前後になりましたから、彼らの人生は水俣病の歴史にそのまま重なります。

一九五六年五月一日に最初の届け出が水俣保健所にあって、八月に熊本大学が調べてみたらすでに五〇人近く発病していました。最初は伝染病といわれたけれども、患者がいつどこで何人出たかを順番に追っただけで、伝染病は否定されて海から来た病気だとわかったんです。この時点で海を汚すものはチッソの工場しかありませんでした。

環境汚染によって人体に被害が出るときは、その環境の中にいる人全員影響を受けるわけですが、特に弱い人たちから発症します。幼児、胎児、老人、病人がまず影響を受けます。ここが職業病と違います。労働者の場合はだいたい健康な成人ですから。水俣病も初め子どもが次々発病したので発見されたんです。五歳で発病して一七歳で亡くなった美しい女の子もいました。もし病気にならなかったら、今ごろもう孫ぐらい抱いていたかもしれません。

彼らは自然の中で自然とともに生きている人たちでした。水俣病発見の契機となった患者・田中静子さんの家も、縁側から魚が釣れるくらい海にぴったり寄り添って建っていました。彼らの多くは、自らの権利を主張したり意思を表明するのが苦手な人たちです。公害は、こういう社会的に弱い立場の人たちを直撃するという特徴ももっているんです。

静子さんは五歳で発病してもう亡くなりましたが、三歳で発病して言葉を失った妹の実子(じつこ)さんは、何回かの危機を乗り越えて、もちろん健在とは言えませんが、今も姉の下田綾子さん夫妻に大切にされて生きています。「水俣病の全面解決」とか言われますが、少なくともこういう子が生きている限り水俣病が終わったとは言えないでしょう。本当に実子さんは一言も言わずに一日中じっと座っているだけですけれども、この子は私たち人類にとって非常に大切な存在です。だから一日でも長く生きていてもらいたいと願っているんです。

水俣病の症状を簡単にいうと、感覚、視力、運動の円滑さ、言語などの障害です。最初ななかなか原因がわからなかったんですが、水俣病は有機水銀中毒なんです。「臨床症状と脳の病理所見が有機水銀中毒に一致したこと」とか、「ヘドロや魚の中から有機水銀が出てきたこと」とか、そういう理由が次々と明らかになっていったのです。要するに、工場でアセトアルデヒドを作るために触媒として水銀を使っていた、その水銀が有機化して排水口から流されたわけです。工場から見れば排水口から先は工場の外ですけれども、環境にとっては入り口です。ここから有機水銀が海に流されて水俣病が始まったんです。

同じ海でも太平洋の真ん中はエサがなくて、生き物にとっては砂漠みたいなものですが、日本列島の豊かな森のおかげで近海にはたくさんエサがあります。だから非常にたくさん魚が住んでいました。有明海や瀬戸内海も世界有数の豊かさです。不知火海もものすごく豊かな漁場でした。水俣病でもちろん魚もたくさん死んだんですが、たくさん生き残ってもいたから水俣病が起きてしまったわけです。もし全部死んでしまって魚が食べられなかったら、と考えると皮肉です。

不知火海の沿岸には小さな漁村がたくさんあります。今でこそ車がどんどん入って行きますが、当時は山越えしないと行かれませんでした。調査に行くにも漁師に頼んで船で海をまわった方が便利でした。田んぼはほとんどありません。だいたい一つの集落に二、三軒の網元がいてあとは網子ですから、村中が家族同然。だからメニューはいつもみんな同じです。その日タチウオが獲れたらみんなタチウオ、イワシが獲れたらみんなイワシを食べていました。食卓に載っているもので海から獲ってないのは寒漬(かんづけ)の大根と唐芋(からいも)（サツマイモ）、焼酎ぐらい。新鮮な魚がまさに主食です。そういう暮らしがずっと続いていたわけです。こういう発生当時の状況を知らないと、水俣病は理解できません。「そんなに患者がたくさんいるはずがない」とか「みんな同じ訴えするのは口裏合わせてるからじゃないか」とか。なかには「水俣病のマネを教える学校があるげな」などと噂するひどい人もいました。でもみんな同じものを食べていたんですから、みんな同じ訴えするのはあたりまえなんです。

私が学生のころは、毒は薄めて捨てろと習いました。希釈放流といいます。確かにずっと薄めれば毒も毒でなくなりますが、自然界には逆に薄まったものを濃くする働きもあります。

ところが人間は自分たちに都合のいい方だけ考えて、海は広いから薄まって大丈夫と言って捨ててきたんです。しかし自然の中で次第に濃縮されて、食物連鎖の頂点にいる人間に返ってきました。それが、水俣病が「公害の原点」といわれる理由です。確かに人類は有史以来、中毒を経験してきましたが、環境汚染によって、しかも食物連鎖を通して起こった中毒は水俣病が最初なんです。だからこそ、世界中の人が「Minamata Disease!」と言って注目するんです。単に規模が大きいとか、悲惨だとか、それだけではないんですが、このことは案外知られていません。

私は何も最初から水俣病をやろうと思って医者になったわけではなくて、たまたま神経に関心があったんで神経精神科に入ったら水俣病研究の真っ只中で、もう取り組まざるを得ませんでした。それで大学と水俣との間を行ったり来たりしていました。あるとき、水俣病多発地区を歩いていたら、症状がまったく同じ兄弟二人、縁側で遊んでいたので「二人とも水俣病でしょ」とお母さんに言ったんです。そしたら、「下の子は違う」と言うんで、思わず私は「どうして」って聞いてしまったんです。それでお母さんから「どうしてってありますか。先生たちがそう言いよるじゃないですか」と怒られたんです。訳がわからないのでよく聞いてみたら、上の子は魚を食べて発病したから水俣病、だけど弟の方は生まれつきで魚は食べてないはずだから、症状があっても水俣病ではないと医者に言われたというんです。それなのに同じ医者の私が「どうして」なんて聞くものだから叱られてしまったんです。

さらにお母さんは「先生、この子と同じ年に生まれたこういう子がたくさんいるんです、どう思いますか」と言うんです。それで調べてみたら本当に同じ症状の子どもたちがたくさんいたわけです。しかも内科も小児科も公衆衛生も病理も、いろいろな研究室がみんなおかしいと思って、すでに研究していました。決して私が発見者ではないんです。

お母さんの胎盤は赤ちゃんを毒から守ってくれるというのが当時の通説でしたから、お母さんの体内に入った毒が胎盤を通って胎児に移って発症するというのは常識に反していたわけです。それでもみんな動物で胎児性を作ろうとしていたけれども難しかった。私は動物実験はあまり得意ではないので、とにかく患者を診察することにしたんです。

最初は、その子たちを大学病院や市立病院に連れてきてもらって診察していました。でもあまりにたびたびだったので、お母さんからまた怒られてしまったんです。「先生が一生懸命なのはわかるけど、この子たちは一人だって自分じゃ来られないでしょ。親が一人、仕事休んで一日がかりで連れてこなきゃいけない。でも私たちはその日の生活が大変なんです」

と。それで私は最初は日当を払おうかと思ったけど、考えてみたら大学院生の私が一番ヒマでしたから、現地を一軒一軒まわり始めたんですが、それがすごく良かったんです。知らなかったことがたくさんあって、私の目を開かせてくれました。

病院へ来るときは親心でしょう、それなりにこざっぱりした服装で来るんですが、自宅に行ってみたら襖も畳もボロボロで、これが家かと。本当に信じられなかった。そんななか、ウンコ、オシッコにまみれて寝かされていました。それで大きな病院や大学の研究室と現地の距離の大きさに初めて気付いたわけです。ある意味ではそのことが私の運命を決めてしまったんです。

そのときは、湯堂という漁村で調査を始めました。魚を食べていないという理由で水俣病を否定され、先天性の脳性小児マヒと診断された子どもたちが何人かいて、村中が息を潜めるように暮らしていました。最初のころは私が患者の家に行くと、「帰れ」と言って雨戸を閉めて中に入れてくれないんです。表に紙が貼ってあって「新聞記者モクットダロウ、熊大ノ先生モクルナ」。診察拒否です。私たちがウロウロするとまたマスコミがついてきていろいろ新聞に書き立てる。せっかく世間が忘れようとしているときに医者が何か言ったら、またみんなが水俣病のことを思い出して魚が売れなくなると恐れているわけです。だけどこの人たちが責められなければならないことなど何一つないんです。

このとき、「お子さんの診察の参考に」と説得して、嫌がるお母さんたちも全員診せてもらいました。「いや、私はどうもありません」とお母さんたちは言いましたが、診察すると、針でプツプツ突いてもぜんぜん痛がらないんです。「もっと強く突いて」と言われて血が出るんじゃないかと思うほど突いても、痛みを感じないんです。視野も狭くなっていましたが、どちらもだんだん症状が出てきたから自分でも気付いてなかったわけです。本人に自覚症状はなくても、この胎児性の子のお母さんの症状を水俣病でないと言う人はいないでしょう。病院には決して来ないこういう患者をたくさん診たから、私は軽い患者がわかるようになったんです。これも現地をまわったおかげです。

胎児性の患者さんは現在、私が確認しただけで不知火海沿岸に六六人います。そのうち亡くなった方が一三人。でもこれはあくまでも「私たちが確認できただけで」というカッコ付きなんです。私と仲間が文字どおり足で稼いだ数です。親と一緒に県外に引っ越していた人もいたので、またそれを追いかけて一軒一軒訪ねたんです。行政は一度もこの子たちを調べていません。一人も普通の学校には行けなくて、当時の特殊学級か、学校にまったく行かなかったかですから、探そうと思えばすぐ見つけられたはずなのに何もやってないんです。対岸の獅子島や御所浦にもいなかったはずはないんです。流産や死産まで入れるとどれだけの子が亡くなったのか、本当に悔しいんですが正確な数はわかっていません。外国の人が来ると必ず患者数を聞かれますが、いまだに答えられません。これだけの事件を起こしながら五〇年経っても患者の数がわからないなんて、本当に恥ずかしい限りです。

この子どもたちを診てみると、どうしても水俣病だと思わざるを得なかったわけですが、史上初ということで、それを証明するのは非常に困難でした。そこでまず、この患者たちはみんな同じ症状だから同じ原因と考えられることを証明しました。それから地域内の発生率が異常に高くて、発生の時期と地域が水俣病と完全に一致していること。家族に水俣病患者がたくさんいること。お母さんが妊娠中に魚貝類をたくさん食べていて、詳細に診察すると軽い症状が認められる。このような調査結果は、それが水俣病であることを示しているとはいえ、充分ではありませんでした。

そんなとき、うちの子が生まれて家内が病院からへその緒を持ってきたのを見て、胎盤と胎児をつないでいたへその緒の存在に気付いたんです。胎盤が有機水銀を通すなら、へその緒から水銀が出てくるはずです。しかもどこの家でも取っておくものですね。もう眠れんぐらい興奮しました。患者さんや家族の方が協力してすぐ集めてくれて測ったら、その子たちのへその緒の水銀値は、やはり異常に高かったんです。これによって、お母さんの体内の有機水銀がへその緒を通って胎児に入って発生した胎児性水俣病であることが明らかになりました。

さらに東京大学の白木博次さんたちがアイソトープ(放射性同位原素)を使った動物実験で有機水銀が胎盤を通ることをうまく証明してくれました。熊本大学にはアイソトープの設備がなかったからできない実験です。まずラットにアイソトープでマークした無機水銀を注射します。すると水銀は心臓と肝臓と骨髄に入るけれども胎児には入りません。「胎盤は毒物から胎児を守る」というのも正しいんです。でも有機水銀を注射すると明らかに胎児の中に入りました。胎盤が胎児を原因物質から守れなかったという点が、「公害の原点」といわれるもう一つの理由です。

後のカネミ油症やベトナムの枯葉剤でも胎児性の患者が生まれましたし、公害以外では原子爆弾の放射線も胎盤を通過して胎児に影響を与えました。さらに有機水銀は肝臓や心臓にももちろん入っていました。今は神経の障害ばかり問題にしていますが、この実験は水俣病が実は全身病であるということも示していたわけです。

一九六一年に胎児性水俣病が公式確認されて、水俣病問題はすべて解決したと思われたので、多くの研究者たちが現地水俣から引き上げてしまいました。熊大も同様です。ところが問題はぜんぜん終わっていなかったんです。有機水銀の排水も止まらなかったし、地域住民に正確な情報が伝えられることもありませんでした。このあと再び社会に注目されるまでの一〇年近いブランクを作ってしまったことが、今日にまで深刻な問題を残す原因となるわけです。

水俣には毎年世界中からいろんな人が来ます。研究者はもちろん、ジャーナリスト、市民運動の人、学生。そういう人たちに呼ばれて私たちもまたこの三十数年の間、世界各地の公害の現場に出掛けていきました。その調査の中でも一九七五年から二〇〇四年までのカナダ先住民の問題、一九七五年のアメリカの豚肉汚染、一九七五年から八二年までの中国吉林(きつりん)省、それから一九九二年から九六年にかけてのアマゾン水域、この四つが水銀汚染問題としては非常に大きな事件でした。

カナダでは、パルプ工場付設の苛性ソーダ工場が汚染源で、排水中の無機水銀が自然界で有機化して、川の下流にあるリザベーション、先住民の居留地で被害が出ました。先住民の人たちはそこに囲い込まれて住んでいるんですが、畑がない所ですから、湖の魚か森の獣を獲って食べるしかないんです。だけどこの人たちは伝統的にはけっしてむやみに生き物を殺しません。すべての生き物の中には先祖の魂が入っているから、生き物を殺して食べるということは先祖の命をいただくことだ、という考え方ですから。まさに自然の中で自然とともに生きている人たちが環境汚染によってまず影響を受けた点も、辺境の地に以前から住む人々に起こった事件でなかなか注目されなかった点も、水俣の漁師たちの場合とまったく同じです。

また、アマゾン川上流では砂金の採取に水銀を使っています。一旦水銀と金の合金を作って砂から取り出した後で、焼いて水銀を蒸発させて金だけにするわけです。蒸発した水銀を吸って労働者がバタバタと倒れますが、これは無機水銀中毒であって水俣病ではありません。しかし空気中に飛んだ水銀は雨に含まれて落ちてきて、自然の中で有機化されて川の中の食物連鎖で濃縮して、下流で魚を主食にしている人たちの体内に蓄積されるんです。

中国の吉林省の事件は、汚染源が水俣や新潟と同じアセトアルデヒド工場です。松花江(しょうか)が汚染されましたが、魚がほとんど死に絶えたので患者は比較的軽症だったのです。

アメリカの例は種麦が有機水銀で消毒されていました。「食べてはいけない」と言われてもちろん食べなかったのですが、こぼれた種麦をブタが食べていたのです。そのブタを家族で食べたので三人の重症の有機水銀中毒と一人の胎児性水俣病が発生しました。アメリカでは有名な事件です。私はこれらの現地へ行って来ましたが、やはり被害は弱者に集中することを示していました。

このように世界各地の水銀中毒を見ていると、水俣病が起こるまでには一般的に五つの段階があることがわかります。まずは水銀を扱う労働者が無機水銀中毒になる。次に捨てた水銀が有機化して環境を汚染する。その環境の中で魚貝類に蓄積される。その魚貝類を食べた人間が汚染されて髪の毛や血液、尿やへその緒の有機水銀が増える。そして最後に症状が出る、つまり水俣病が発生するんです。

そこで問題になるのは何が水俣病かです。かつての水俣で見慣れた重症例だけを水俣病とするならカナダ、アマゾンに患者は出ていません。しかし、今、私たちが問題にするような患者を水俣病とするなら、すでに発生しているのです。

水俣病は人類初めての経験ということもあって、発生の原因やメカニズムがなかなかわからず、その間に被害が拡大してしまいました。もちろん私たち研究者の力不足でもありますが、今考えてみると行政が原因と病因を意図的に混同してしまったんです。

原因が魚だということはかなり早い段階でわかったわけで、その時点で何か手を打たなければならなかったはずです。たとえば仕出し弁当で食中毒が起きたときには即販売禁止、中に入っているもののどれが病因かわからなくても売り続けさせません。しかし水俣病では、魚が原因とわかっていながら何が魚を汚染しているか、病因がわからないと言って放置してしまったんです。この責任はいったいどこにあるのかというのが、国も被告にして繰り返されてきた裁判の争点でした。二〇〇四年関西訴訟の最高裁判決で、その責任が国にあることがやっと認められました。なぜそんなことに五〇年近くもかかってしまったのかと思います。

その判決中、地元でもっとも注目を集めたのは、何を水俣病とするかです。私たちは何十年も行政や一部の研究者たちと争ってきました。いわゆる認定基準をどうするかが補償問題と直結しているという現実が、基準を高くしようとし同時に責任を認めまいとする行政側の意思となってしまったんです。

一九九六年の和解のとき、私たちはもちろん納得したわけではなくて、内容にはかなり疑問を持ったけれども、一方で一万人以上が和解に応じたということで、だいたい患者はもう出尽くしたかなと思ったし、みなさんもそう思ったんじゃないでしょうか。しかし、この判決以降、続々と新たな申請者が出てきています。二年半ですでに数千人です。しかもその八割が今回初めて名乗りを上げた人たちです。

でも考えてみるとそれは予想できなかったことではないんです。私たちは「みんな同じものを食べてきたんだからもっと大勢患者がいるはずだ、すごい重症者の家族だってまだ全然申請していないのだから」と言っていたんですから。しかも海辺の人たちが相変わらず毎日毎日、魚をたくさん食べているのを知っていたんです。なのになぜ、たかだか一万人くらいでだいたい終わったと思ってしまったのか、言葉がありません。

こんな事態になっても政府は認定基準を変更しないと言っている。最高裁から認定基準が狭いと指摘されたのに。水俣病五〇年にしてまだこれか、と。私たちは何やってたんだと思います。一生懸命やってきたつもりだったけれども、いまだに水俣病とは何かということすら決めることができずにいます。世界各地で起こっている水俣病の原点であるにもかかわらず、です。

水俣病は一地方に起こった事件ですけど、その中に含まれるたくさんの問題はすべて、実は現代の問題に共通しているんです。だから、水俣病という経験は人類にとって宝だと思います。かけがえのない負の遺産です。これをもっともっと大事にして、活かしていきたいと思っております。

どうもありがとうございました。

宇井純

世界の公害、日本の水俣病

今、思い出してみますと、私が生まれた一九三二年というのは、チッソがアセチレンからアセトアルデヒドの合成を始めて、メチル水銀を流し始めた年にあたります。ですから、それ以来七〇年近くずっとこの会社とご縁がありまして、こういう仕事(公害研究)になってしまったのですけれども、正直言ってこんなに時間がかかるとは思いませんでした。

まず、日本近世の歴史のなかで言いますと、一九世紀前半までの長い間、インドや中国の清帝国が、いわば「アジアの中心」として周辺諸国から認められていた。そこへイギリスを先頭として、次々に西欧の帝国主義諸国がやってきて、まずインドを占領して植民地化する。それから中国に取りつく。そういうニュースが鎖国下の日本にもだんだんに伝わってきて、それに危機感を覚えた下級武士を中心とする日本の知識階級から、明治維新の動きが始まった、と大筋としては言えるかと思います。

明治維新によって開国した日本は、外から来る帝国主義勢力にのみこまれないために、自分もまた後発の帝国主義勢力として動き始め、近くの朝鮮さらには清国の満州というふうに勢力を拡げ、それに成功します。そして第一次大戦で後発の帝国主義国として世界に認められるようになりました。

そのなかでチッソは明治の末、二〇世紀に入って動き出した、比較的あとから来た資本でありまず。前から存在した三井、三菱というような大資本はすでに政治と結びついて、確たる勢力を確立しており、あとから来たチッソはそのために随分苦労いたします。ところが、第一次大戦で西欧先進国の産業が止まり、日本は輸出で大変な好況になって、この時期にいろんな工業が初めて成立します。チッソも一時潰れかけたのですが、盛り返して立派に独り立ちできるようになる。

チッソの経営者だった野口遵（のぐちしたがう）という人は、東大工学部の卒業生で、卒論をそのまま工場にしたような形でチッソの操業を水俣で始めた人ですが、第一次大戦後の動きをいち早く察知して、これからは化学工業が大きく伸びるということでヨーロッパに行き、アンモニア合成の特許を買って帰ります。その後は試行錯誤と悪戦苦闘を続けましたけれども、ともかくアンモニア合成のあと、無機化合物から有機化合物への展開として最初に手をつけて成功したのが、先ほど申し上げたアセチレンからのアセトアルデヒドの合成です。それから酢酸、アセトンと色々な物質を作りますが、そのいわば扇のかなめのような位置に水銀を使う工程があり、そこがどんどん大きくなっていく。

当時「内地」と言っておりました日本の四つの島の中の、水力発電に有利な立地点がだいたい三井や三菱のような財閥に押さえられていたものですから、チッソは朝鮮から満州にかけて展開し、これが成功して、第二次大戦の直前には押しも押されもせぬ大きな財閥が一代にして出来上がりました。そして軍隊と強く結びついて、軍需生産で食べていくような工場が出来上がった。ところが第二次大戦でこれが全部ご破算になり、海外の工場は全部手放さなければならなくなりまして、チッソは出発点である水俣へ戻ってきます。水俣工場は戦争中に艦砲射撃である程度破壊されましたけれども、不死鳥のようによみがえって、あらためて新しい製品を次々作っていく。それが第二次大戦のあとのチッソの展開です。

私はその頃、中学校から高校時代に開拓農民の暮らしをしておりまして、「化学肥料というものはこんなにありがたいのか」という経験をしました。ほんのひとつまみの肥料を畑に入れただけで作物はよくできますし、次の年もそこの草だけが青く育つ。そこで化学肥料をなんとか安く、あるいはタダに近い値段で作れないかという思いで東京大学に入りました。しかし東大に入りますと、高校では勉強しなかった経済学というものを学び、たとえ原料がタダでも資本とか利子とか労賃とか色々な金がかかって、製品は決してタダにならないことがわかったものですから、化学肥料をタダで合成する夢はあきらめました。代わりに、その頃やはり農業に導入されて大変高価だった塩化ビニールの農業用ビニールフィルムを安く作ることを目標にして、日本ゼオンに就職します。

日本ゼオンでは、塩化ビニールを作るところでだいぶ水銀を流した覚えがありました。ところが一九五九年の夏頃に東大へ研究のため戻ってきますと、どこからともなく「水俣に恐ろしい病気が出て何人も人が狂い死にしたそうだ。その原因として、工場排水の中の水銀が疑われている」という噂が流れていたものですから、ゼオンの高岡工場で自分が流していた水銀も、そういう恐ろしい病気の原因になるのだろうかと疑問を持ち、調べ始めます。調べているうちにだんだん、やはり水俣工場で水銀を流していたとわかりました。しかも工場の中でも工場排水を猫に飲ませて、猫が狂う典型的な水俣病の症状が出ることを実験で突き止めていた、というところまでわかった。けれどもその頃になると逆に、水俣病は原因不明、迷宮入りというふうになってきた。だいたい六〇年代の前半です。

しかし間違いなく、チッソ自体が水俣病の原因を作っていることを内部では認めている。これを発表したらどういうことになるだろうかと、病気の発見者であった細川一先生に相談しますと、「お前はまだ大学院学生だ。チッソの側には東大医学部の偉い先生が何人も付いている。だから、発表したところで黙殺されるぐらいがオチだろう。それから、医学部の教授というのは大変な力を持っているから、人間を一人消すぐらいは何でもない」と言われましたから(笑)、怖くなって黙っていたのが正直なところです。

もちろん細川先生は「時期を待ってもっと証拠を集めてからだったら発表はできるだろう。しかし今は無理だよ」とも言っており、それで黙っていました。ところがその直後の一九六五年に新潟の水俣病が発表されます。少なくとも、三人死んだことが最初わかりました。六二年に原因がわかっていた私が発表していたら、あるいは一人ぐらい死ぬ人は減らせたかもしれないと思いまして、それ以来私は調べたことは全部公表しながら今日まで走り続けてきました。これが水俣病から始まった私の研究の経過です。

新潟の水俣病のおかげでようやく患者も立ち上がって、そして裁判に訴える。その裁判のいわば弁護団の助手として参加することで、こちらも勉強する。そのなかでだんだんに因果関係が明らかになって、一九六八年にはついに日本政府も水俣病は公害であるということを政府見解として発表せざるを得なくなった。これで水俣病は解決するかも知れないと思ったんですけれども、実際はそういきませんでした。そのあと延々と争いが続き、九五年になってようやく「最終的解決」といわれる和解が成立した。ただし栗原彬(くりはらあきら)先生がおっしゃるように、「最終的解決」はナチスの人種浄化のときに使われた言葉であり、水俣病もここでいったん葬り去られるかのように見えたけれども、実はそうではありません。経過をもう一遍振り返ってみようと思います。

一九五六年にこの病気が水俣で見つかったときには、狭い漁村の中に十数人の患者がいました。これは明らかに新しい、とんでもない不思議な病気でした。そこで水俣市の医師会の先生方がみんな集まって話し合い、「こういう病気を前に見たことあるか」「確かにある。だけれどもそのときには死亡診断書に、脳梅毒だとかアルコール中毒だとか適当に書いてごまかしちゃった」ということで、事例を掘り起こして集め、五三年から患者が出ていることを見つけます。これはさすがに偉いことだったと思います。お医者さんが自分の誤診を認める、あるいはいい加減に死亡の理由を書いてしまったと公然と認めるのはめったにないことですから。これは当時のお医者さんたちがそれだけ真剣に取り組んだという表われでもあり、もう片方で、水俣病がどれぐらい地域社会にとって大きな衝撃であったかということも表わしております。

しかし、水俣の特殊条件といえば誰が考えても、大きな化学工場があって、そこから排水が流れているということになるのですが、チッソ水俣工場は、何を流しているかについては一切口をつぐんで協力しませんでした。当時の熊本大学医学部の研究に対してチッソは知らん顔をしていたわけで、暗闇で手探りをするような経過でした。あとでなぜ黙っていたんだという話になったとき、「水銀は触媒として使う少量のものだから、いちいち実験する薬品まで申告することはないだろうと思っていた」というのがチッソの言い分でした。ところが実はチッソは水銀を毎月何百キログラムと流していましたから、その分また何百キログラムと買い込んでおり、水銀は大量に使っていた薬品だったのです。

一方で、水俣周辺の魚が危ないということについて、熊本県はもうそのときにはわかっていましたが、食品衛生法を適用して漁獲禁止にするところまで踏みきりませんでした。一九五七年に漁獲禁止の話が出たとき手を打たなかったために、どんどん患者が拡がってしまった。ここには明らかに工場側の非協力と、やるべきことをやらなかった県行政の不作為という、水俣病を拡げた二つの要因がありました。五九年になって原因がどうやら水銀らしいとわかってくると、工場は必死に反論します。そのとき反論の手先に使われたのが東京大学でした。チッソは東京大学に金を出して、水俣病は工場排水によるものではないという研究をするよう頼みました。これはあまり知られておりません。当時の医学会の会長であった東大衛生学の名誉教授田宮猛雄や、その下にいた勝沼晴雄、以下何人かの専門が近い教授が集まって「田宮委員会」というのをつくり、そこでチッソのお金をもらってもみ消しの研究をやりました。しかし研究すればするほど、チッソの排水が危ないという結果が出てきたものですから、田宮委員会はちょうど田宮先生がガンで亡くなったのをいいことに、水俣病の原因は不明ということで解散してしまいました。

もう片方で、政府も経済企画庁に「水俣病総合調査研究連絡協議会」という組織をつくって、関係のありそうなお役所とか学者を何人も集めましたけれども、これも一年のうちに原因不明ということで事実上解散してしまった。ただ解散と言わなかったから、組織がそのあとも残っていたことが、新潟の水俣病が出たとき明らかになるのですが。

ともかく一九六〇年代の前半にはそういうはっきりしたもみ消しの意識があって、水俣病は原因不明になった。

このような経過を私は「公害の起承転結」と名付けたことがあります。文章を書くときに起承転結を守っていれば、だいたい文章としてさまになる。まず主題を提示する、それから次の段階でそれを展開する、第三段階でまったく違った見方から新しい考え方を入れて、第四段階で全体をまとめる。こういうふうにしますと、これはまあ漢詩のつくり方ですが、たいていの文章はまとまります。公害問題では、公害が見つかった――これが「起」でありまして、研究の結果原因がわかった――これが「承」なんですけれども、そこで問題は終わらない。必ず「転」ときまして、反論が出てくる。しかも反論は質より量であり、かつできるだけ肩書の偉い人がいいということで、本当の原因は紛れて見えなくなる――この原因不明となるのが「結」です。

つまり、文章の起承転結と違って、「結」で締まらないところが公害の特徴であると言えます。これは他の公害でもだいたい当てはまりました。あとに出てきたイタイイタイ病でも、新潟の水俣病でもまったく同じ展開をしました。ただ二度目になりますと、こちらもやっぱり知恵がついてきまして、そう簡単には「結」でごまかされないぞということで、「転」の段階で徹底的な反論をやり、どうにか迷宮入りは免れたのが新潟の体験です。今日でもこれはある程度当てはまります。実を言いますと、外国を歩いてもやはりあちこちで見る現象です。ですから、そういう体験をもっと早く世界に伝えなければいけなかったんですけれども、それはだいぶあとになりました。

一九六〇年代の後半になってようやく水俣病の原因がわかり、それから私も助手として給料をもらう安定した身分になったものですから、そう簡単にはクビにされないことを利用して色々な場所で発言したり、国際会議に出たりしました。その頃に気が付いたのは、ヨーロッパでは六〇年代の後半になってようやく戦後の復興として工業化が軌道にのったということです。その点では日本の方が早かった。一つには日本の工業地帯が徹底的に爆撃で壊されてしまい、戦後新しく施設を造るとき古い施設が邪魔にならなかったということがあります。それからたぶんもう一つの違いとして、ヨーロッパの場合、たとえば労働組合が強いところでは、住宅を先に整備しろとか福祉を向上しろとか労働組合の要求がある程度先行し、生産の増加はそう簡単にはいかなかったのではないか。

日本の場合、池田勇人(首相)が一九六〇年の所得倍増計画によって、新安保条約をめぐる政治的な危機を実にうまく経済的な政策に転化させます。そして当時は、自民党が「所得倍増」と言えば、社会党も負けずに「いや俺たちがやれば三倍になる」というふうな議論をやった時代です。こうして六〇年代日本の工業化は、ものすごい速度で進行しました。ですからその日本で公害が次々起こったのは、世界で最初に進行した事例だということを、六〇年代の末にヨーロッパを歩いてつくづく感じました。そして、日本にいるとわからないことでもヨーロッパかアメリカ、先進国へ行って勉強をすればだいたい答えが見つかるとされていたのが、この問題では日本が先進国であって、他の国を真似するわけにいかないと痛感しました。六〇年代の終わり、六八年、六九年と、一年余りヨーロッパを歩いて、私が結論として得たことです。

しかし日本に帰ってきますと、水俣病、第二(新潟)水俣病、それからイタイイタイ病、四日市ぜんそく、と深刻な公害がどんどん進行していました。このまま放っておくと治安問題になるという段階になって初めて政府も何か手を打つ。公害の歴史を見ますと、政府は初めのうちは何もしない。問題が大きくなってもできるだけ知らん顔をする。ただし知らん顔ができない段階になると何か手を打つ。そうすると世論はだいたいそれにごまかされて「政府は真面目にやってるな」と三年ぐらいは静かになる。三年ぐらい経つと政府の打った手が何の役にも立ってないことがわかって、また世論がうるさくなる。そういうことから「法律一本、世論三年」という経験則をつくりました。これはぴったり合います。三年ごとに新しい法律ができてきたというのが六〇年代の経過です。

そういうなかで、法律のことでもやっぱり東京大学が先頭に立って政府の政策をつくっていると痛感したのは、六五年に助手になってすぐ、東大法学部の公害研究会というのに教授の代理で出席したときです。六三年、六四年に「三島・沼津コンビナート計画」が反対運動で潰れました。このままではコンビナートの建設が公害問題で潰れるというので、政府は慌てて公害対策基本法をつくる。その基本法をつくるために役人が要綱をつくって、どういうものが法律の中身になるか検討しますが、要綱のまたもう一つ手前に、法律の「枠組み」を考える場がいると。それが東京大学を中心とした法学部の先生方の研究会であるという説明を受けました。それで、ああなるほど日本という国はこういうふうにできてるんだなと感じまして、そこに参加したものですから、法律を勉強する機会もだいぶありました。新潟水俣病では弁護団補佐人という形で裁判に参加し、そこでも法律をいやというほど叩き込まれました。

そのなかで、政治のやり口というものもだんだんにわかってきたんです。水俣病では、たとえば問題が大きくなってもできるだけ調査をしない。それで、追い詰められるとちょこっと調査をして、大したことありませんよという結論を出す。つまり必ず公害問題というのは過小評価される。過小評価すれば対策も小さくて済む。そういうことを繰り返して、うまくいかなくて治安問題になったら、法律をつくるかなんかすればいいと、政治の世界ではそういうふうに扱われてるんだと体験しました。

また、水俣病のようにひどい病気のときには、最初に見つかった劇症型の患者だけを水俣病と言っていればいい。そこからはみ出すものは水俣病ではないと切り捨てれば、患者の数は少なくなる。しかも水俣病では本人申請制度でしたから、本人が「自分は水俣病ではないか」と疑いを持って申請をして、初めてお医者さんが診てくれて、そしてこれは水俣病であるとかないとかいう認定をします。認定された患者だけが補償の対象になる。補償の一番初めは一九五九年の「見舞金契約」なんですが、最初から補償と認定制度は結びついているわけです。その根底には「金を出すんだから間違ってはいけない」、あるいは「人間というものは金欲しさに、必ず俺は病気だと言い立てるものである。だから厳重に審査をして間違いなく患者だという者だけに補償金を出さないと不公平になる」という考えがある。

はからずも昨日(二〇〇一年四月二〇日)、井形昭弘というやはり東大にいた医者が『朝日新聞』のインタビューで「調査当時は補償問題が絡んでいたので演技をする人がいた」などと答えていました。色々な公害で同じ問いにぶつかりました。一方で私はたくさんの患者を見ていて、なぜ日本の公害被害者は立ち上がらないのだろう、外国だったらもうとっくに政府がひっくり返るほどの大きな騒動になっているような事件でも、なぜ日本の被害者は立ち上がらないのか、ということを本当にはがゆく感じていたんです。水俣病の患者に一人一人聞いてみますと、みな「俺たちは金が欲しくて言ってるんじゃない。病気を持ってて、それを病気と認めてくれと言ってるんだけれども、向こうは金欲しさに言ってると受け取るんだ」というわけです。

東京大学に長くいて色々な学者を見ていますと、彼らはやはり自分の考え方を患者に投影しています。ですから、自分は金のためには何でもやる人なので、相手を見ても「こいつは金のために何でもやる」というふうに投影する。そういう学者が随分いるんです。われわれはどうしても、人を見るときに自分の考え方で相手を判断する。東京大学の学者といっても別に崇高な目的で研究してるわけではありません。サラリーマンとして、ちょっと分がいいからというのでやってるだけです。そういう人たちが自分のものの考え方を患者さんに投影する。それが水俣病をはじめとする公害問題でずっと続いてきたことなんです。そういう考え方から「患者でない者に間違って補償を出してはいけない」ということで典型的な症状だけしか認めない。

外国で水銀汚染が起こって水俣病が出たのではないかというとき、日本政府に問い合わせてみても「これこれの症状が揃わなければ水俣病とは言いません」という返事が返ってきます。調べてみてそれだけの症状が揃っていないなら水俣病ではないと。カナダの先住民に被害が発生したときもベネズエラやブラジルなどで水銀汚染が起こったときも、もう世界中どこ行っても、行く先々でそれを言われるんです。日本政府の「これこれが揃ってなければ」は、熊本大学が一番最初に手探りで探し当てた劇症型の症状だけを意味します。ですから現在の診断基準として適切とは言えません。

終わりに、今私が水俣病について考えていることと、その結論だけを申しておきます。まず、われわれがぶつかった水俣病がこんなに「巨大」なものだったということに、もっと早く気付くべきでした。つまり、われわれが闘った相手は日本そのものだったと思っています。日本中歩いてどこでも言われることですが、公害というのは本当に苦しいけれども、自分の身になってみるまではよくわからないというのです。つまり想像力の限界ですね。そういうなかで科学者というものは、やはり真実を伝えるために、もっともっとやらなければならないことが多いはずです。

日本であれほど厳しい被害者に対する差別が存在し、今でもあるのはなぜなのかということ。この問いに対する答えとして、まだ私たちは充分納得いく答えを出していません。あるいは問題が改善されていないという事実がある。ではそういうことはもう済んだのか、これから心配しなくていいのか、というと、そうではないと言えます。現に都市生活においては今、環境ホルモンとか化学物質過敏症という形で、目の前に氷山の頭だけが見えている。杉並病はその一例です。杉並で不燃ごみの集積場を造ったら、周辺で大気汚染の被害者が出た。これに対して日本の主流の科学者は、もちろん東京都も含めて全部否定しております。大したことはないと否定していますが、不燃ごみを圧縮すれば必ず色々なガスが出てくるのは当たり前のことです。そのような氷山の一角に対して私たちはこれからどういうふうに立ち向かうのか。

公害のような問題が起こったとき、弱者や被害者の存在に対して日本社会は一体どう取り組むのかという難問があります。かつて(水俣病患者の運動リーダーの)川本輝夫(かわもとてるお)さんとそのことを議論したことがあります。川本さんの答えは、結局、被害者、弱者という存在は、日本の一般の福祉水準がよくなれば、だんだんに改善されるであろう、さしあたって市民が取り組むべきことは一般の福祉水準の向上ではないか、というものでした。私もそれに賛成です。しかし、同じ問いは一〇〇年前に田中正造もしていたんです。足尾の鉱毒事件のとき田中正造はこう言いました。農民の自治を強化する。それから国民の自然観をもっとまともなものにする。そうしなければ足尾のような悲劇は今後も繰り返され日本国は滅びるということを田中正造は死の間際に説いております。この問いに対しても私は充分な答えをまだ出せないでおります。

しかし、そもそも私たちの世代がなぜ公害に対して取り組む気になったのか。それは、実は汚れていない環境の中で育ってきたからです。もし初めから日本の環境が汚れていたら、「汚れている」という認識すら持たなかったのではないか。反省すべきことは山ほどありますが、われわれができることは何だろうということに絞って考えてみますと、汚れのないきれいな環境を、次の世代にどのように引き渡すことができるか、そのためにどういう行動が有効か、というあたりがおそらく、われわれがこれから取り組まなければならない課題だろうと思います。今日はこの辺まで考えていただけたらありがたいと思います。

土本典昭

私の水俣映画遍歴三七年

はじめに僕が水俣の仕事をすることになったのはまだ三十七、八歳で、まったくの偶然です。一九六五年(昭和四〇年)に放送された日本テレビのノンフィクション劇場『水俣の子は生きている』を撮ったころは、いつも頭の中に五、六本のテーマを用意しておかないと仕事ができませんでしたが、その中の一つに「水俣病」がありました。けれど、それが他のテーマと比べて特に重要だとは思っていませんでした。

きっかけは三枚の新聞の切り抜きでした。一つは水俣の小児マヒ様の子どもたちが胎児性水俣病と認定されたという記事で、もう一つは、そういう水俣の子に北海道の女子高の生徒が定期的にカンパを送っているという記事。もう一つは熊本短大のサークル活動で他の学生と夏休み、春休みに二、三回水俣の子に会いに行った女子学生が卒業後、その子たちのために働くことになったという記事でした。記事を読み込んでみると、チッソ水俣工場の排水のせいで、「生きている人形」といわれるような子どももいると書いてあります。それで調べてみたら、桑原史成さんのまだ写真集(『水俣病』三一書房、一九六五年)になっていないゲラを見つけて、それで彼と話したりしているうちに、水俣でとんでもないことが起きているんだということがわかったんです。

撮りに行った一九六四年というと、水俣のことが忘れられていた時期です。初めて水俣に入る前には、正しいことを正しく伝えれば正しく伝わるに違いないと考えていたんですけど、大学の先生やジャーナリストから「水俣は入りにくい所だよ」「相手はしゃべらんだろう」「市民は嫌がるだろう」と言われて、おそれを抱きながら水俣にたどり着いたのが実状です。

患者さんは初期のころ、「避病院」という隔離された伝染病院に入れられていました。私が行ったころには、市立病院に水俣病病棟がやっとできていましたが、にわかに造られた病棟で、霊安室の隣だったんです。病院の一番奥にあって、見舞いの人は、その手前まで行っても、そこから先へはめったに行かない。病院によく行く人でも胎児性の子どもを見舞うとか、患者さんに会うことはなかったようです。

初めてカメラを向けた患者は胎児性の患者でした。七、八歳になっていましたけれど、五、六歳にしか見えませんでした。この子たちはお客さんが好きなんです。たぶん、お見舞いや写真を撮りに来た人の手土産のせいもあったんでしょう、よくなついてくれる。ところが、大人の患者はカメラに背を向けて、写されることを明らかに避けていました。熊本短大卒でケースワーカー志望の西北ユミさん、後に結婚して永野さんに、この番組の主人公になってもらったんですが、患者さんは永野さんと話すときもカメラがあるとベッドの陰に隠れてしまって、映っているのは髪の毛だけという状況で、「テレビに映されても何もいいことがない」とか、「伝染病と言われて嫌われた」というようなことをおっしゃっていました。「生きている人形」といわれた松永久美子さんもいましたが、全然反応がなかったですね。

　ケースワーカーの人と永野さんと初めて湯堂に入ったとき、人だまりの中に胎児性の子どもが一人いたんですが、私たちは気付かなかったんです。でもその子を写しに来たと思われて母親を激怒させてしまいました。障子が閉められた家の玄関で、私は三〇分ぐらい問責されました。このことから水俣を撮る資格があるのか、自問、自責に陥りました。

　（石牟礼道子さんが『苦海浄土』の中で「杢太郎（もくたろう）」として描いている）半永一光（はんながかずみつ）君の家も訪ねました。ケースワーカーとしてはリハビリの病院に入れたいんで説得に来ているわけですが、そうするとお金がかかる。見舞金契約では子どもの年金は三万円だけ。父親も水俣病だけど年金は一〇万円ですから足りるはずない。だから年七、八万円の生活保護をもらっても酸鼻を極める状況でした。

　『水俣の子は生きている』をかろうじて撮り終えた直後、再び水俣にカメラを持ち込むことも少しは考えました。これは身障者ものでもあり社会問題ものでもあり、あらゆる要素が複合していて、それだけに作らなければならないと思うと同時に、反芻してみると目の前の患者を撮れるか自信がまったくなかった。この作品では患者はほとんど撮れていません。

この中で、永野さんが「どこまで水俣病を背負っていけるでしょうか」というナレーションを入れましたけど、あれは自分のことを言っているんです。僕自身がどこまで水俣病を追っていけるか、完全に自信を喪失した状態でした。


一九六八年に政府見解が出て、新潟と水俣の被害は工場排水が原因だとはっきりと言います。そんなことは一部では以前から知られていたんですが、「やっぱりそうか」ということになって、患者さんたちの怒りが出てくるわけです。

そして翌年に患者さんたちが初めて提訴して、いろんな支援の動きが出てくる。それで、映画を撮ってくれないかという要請が石牟礼道子さんからあったんです。熊本の「水俣病を告発する会」だけでは運動の幅が狭い。どうしても全国に訴えたい。テレビ局もやってくれそうにない。ぜひ撮ってくれと、熊本県の宇土出身の映画プロデューサーの高木隆太郎に話があって、（一九五六年に入社した）岩波映画（製作所）以来、付き合いがあった僕が頼まれたわけです。

しかし、実際に撮ると決意するまでにはものすごい逡巡がありました。あれだけ撮影を拒んだ胎児性の親御さんもいるだろうし、原告患者家族として二九世帯が一丸となって闘っているんだから、誰か特定の人をピックアップして撮ることはできないのではないか。しかし全員撮るような映画の構成は考えもつかない。現地からは「撮りやすい状況になっているから怖がらずにいらっしゃい」と言われていたんですが、自分の気持ちが固まりませんでした。

そのころ、東京でも水俣病患者支援のいろんな動きがありまして、三か月間それればっかりやっていたんですけれど、一任派患者に低額の補償を押しつけようとする策動阻止のため、僕も厚生省に突入しました。渡辺京二さん、宇井純さんも一緒に逮捕され、ブタ箱に入れられました。それはまったく幸運でした(笑)。というのは、患者さんの撮影に行くとき「腹を決めて来た」と言わなくても済みますから。そんなことがあって『水俣の子は生きている』のときと比べて患者さんとの距離感が取れて、本当に「撮れる」という感じがしました。

この映画に登場して「タコ獲りじいさん」といわれた尾上時義(おのうえときよし)さんは、タコを獲るのが生き甲斐のような方でした。腰まで海に浸かって捕まえて、タコの目と目のあいだの急所を噛んで腰にぶら下げるんですが、その量がものすごいんです。それでも、これぐらいでは大漁とはいわない、自分が探せばいつもこれぐらい獲れるんだといいますから、驚きました。水俣湾内の恋路島のちょっと沖で、汚染は免れていない所ですけれど、獲りたくて仕方がないわけです。患者さんであるもっともっと前に漁師であり、それよりも前に人間であるということがわかったシーンです。

もう亡くなりました上村智子（かみむらともこ）ちゃんという象徴的な胎児性の患者さんは、そのころは弟妹四人には全然症状がなくて、お母さんの良子さんも比較的症状が軽かったんです。この子が体中の毒を全部吸い取ってくれたんじゃないかとお母さんが言うんです。何回か撮影を試みましたけれども、カメラを向けると意識して引きつってしまう。当時はまだシンクロ、つまり画像と音声の同時撮影機材を使っていませんでしたので、まず話をしている映像を撮ってカメラが回る「ジャー」っていう音が終わってから、もう一度お話しいただいたのを録音して、後で映像と音を重ねます。そのカメラの回る音に慣れてもらわないと撮れないわけです。僕は胎児性の方の感性は僕らよりも研ぎすまされていると思いました。意思表示の方法は奪われていますけれども、喜怒哀楽は全部知っていると思いました。最後のころになってやっと智子ちゃんを撮れたとき、僕はあれだけきれいな顔の彼女を見たことがなかったんです。お母さんの腕の内にあって不安のない一番美しい顔でした。

この映画を作ったころは、四日市ぜんそくだとか水俣病のうねりがあって公害元年といわれてましたから、この映画は全国で本当によく見られました。一六ミリフィルムの自主上映が中心です。少なく見積もっても二十数万人は見てくれたんです。

一九七二年にはストックホルムで行われた国連人間環境会議にも行きました。これが最初の開催だったんです。海外の人たちにも水俣病のことを伝えようということで、胎児性の坂本しのぶさん母娘と浜元二徳さんが行くことになって、私はカメラも持たずに介助係として行きました。そのとき初めて世界中の人たちが、公害というのは人体を傷つける大問題なんだと知ったんです。私の映画も「ショッキングフィルム」と言われて、ロシア、イギリス、オランダ、フランス、ベルギーなど方々の国から見せに来いと誘われて引っ張りだこでした。

ストックホルムには中国からも二人来て一生懸命見ていましたが、それが周恩来首相に報告されたと聞きました。そのせいか、その後、僕は「水俣」のフィルムとともに中国に招待されて、連日、すごく歓待されたんですが、結局、希望していた一般公開は実現しませんでした。しかし、僕が持っていった「水俣」を周首相がそのとき見て、その直後に水俣や新潟と同じアセトアルデヒド工場の操業が止まったとずいぶん経ってから聞きましたが、何も確認できていません。

翌七三年、患者さんたちの裁判が三月二〇日に判決を迎えますが、その直前の一月に『実録 公調委』を作りました。この作品の背景には、七〇年の大石武一（おおいしぶいち）長官時代の環境庁裁決と事務次官通知後に認定された、いわゆる新認定患者の補償問題を、チッソが一方的に総理府の公害等調整委員会に持ち込んでまとめようとしていたことがあります。（旧認定患者が原告の裁判の）判決が出る前に公調委の金額を出させて低い額で全体の補償レベルを決めたいというチッソの意を汲んで、手続きが横暴に進んでいたんです。そこに熊本から水俣病を告発する会の渡辺京二さん、松岡洋之助さんたちが上京して何十人も公調委に押しかけるという知らせが来たわけです。それでとにかくカメラもありあわせのもので、みんなに手伝ってもらって一日こもって撮りました。自主交渉派患者リーダーの川本輝夫さんや後藤孝典弁護士が追及していたら、すでに亡くなっていた日付で患者が署名押印している委任状があるという（新認定患者調停派をまとめていた水俣市職員による）文書偽造が明らかになって、それを暴露するフィルムになったので、早く世の中に伝えるためニュースのつもりで作ったのがこの映画でした。これがうまくいって、一人三〇〇万～四〇〇〇万円でまとめようとしていた公調委の調停案はチッソの期待を裏切って先送りされるわけです。

その後、水俣病裁判は勝訴しますが、僕は非常にうかつで、勝訴すれば患者さんたちのチッソへの追及はひとまず終わって、あとはそれぞれ憩いの時や癒しの機会を得たりして水俣は変化していくだろうから、それを撮ろうと思っていた。ところが、水俣に行って話を聞いたら、勝訴しても東京に行くというんです。判決を得たうえでチッソ東京本社に駆け登って一生の年金を取るための交渉を始めるとは知らなかった。急いで撮影の態勢を組みました。

そうして作った『水俣一揆――一生を問う人びと』(一九七三年)では、川本さんが島田賢一社長にずっと話をする僕が好きなシーンも撮れましたけど、全部で三十余人の患者さんが自分の言葉で訴えます。その全部に触発されましたね。浜元二徳さんは「慰謝料の一六〇〇万円で何年生きられると思うか」、坂本タカエさんは「身寄りもなく娘一人を抱えてこれからどうしたらいいのか」と。チッソは生活年金を加えることや、新認定患者にも同額の補償をすることを極力避けていたわけですが、それを問い詰めていった。この交渉によって、認定されればどの患者も年金や医療手当を含めた同じ補償を受けることができるようになったわけです。ちなみにタカエさんの娘さんは立派に成人、結婚して出産し、その子も成人式を迎えています。

チッソと患者のあいだに補償協定が結ばれた後でも、映画を撮る者から見て水俣病には二つの問題がありました。一つは、補償が約束されたので認定申請患者が急増してきましたがなかなか認定されない。そういうなかで川本さんや原田正純さん、地元に住み着いた支援者たちが大変苦労していた。それをどう記録に残すか。それからもう一つは、医学フィルムを大学が門外不出にしていたんです。患者さんたちを撮った映像がチッソとの裁判なんかに影響を与えてはいけないという理由で押さえられてしまっていた。それもあって、それまでの映画で医学の面は撮れていませんでした。裁判が終わった後に頼んでやっと使用解禁になったんです。それを使って一九七四年に『医学としての水俣病——三部作』を作りました。三本合わせて四時間半になる作品です。

そうした映画を作りましたが、水俣で上映する機会が少ないんです。作ったときに二、三回上映されれば良い方で、ほとんど見られる機会がない。僕としては、水俣病のことを何もわかっていない人にぜひお見せしたい。猫がキリキリ舞っている状態や患者のフィルムを地元のみなさんに見てほしいと考えました。予備調査をすると、そのころになっても水俣病の知識が汚染地帯の住民に知らされていないことがわかりました。特に漁村のある辺境ほど情報が届いていない。そこで不知火海の一番奥の、支援の連中もなかなか行かないような対岸や離島に行って巡回上映しようと。ちょうど環境庁長官になった石原慎太郎が聞いたふうなことを言って現地を歩いたものだから、よけい腹が立って始めました。まあ、後で反省したようですが。

水俣市を中心に半径三〇キロメートルの円を地図に描いて、その中にある集落はほとんどが海辺の漁村です。だいたいバス停ごとに八〇か所以上で、ほとんどが屋外での上映でした。道がないところはリヤカーを借りて上映機材を運んだり、波打ち際で上映したことも少なくなかった。子どもが来れば親も来るだろうと思ってマンガ映画もやったんですが、場所によっては大人は全然来ないで、船で仕事をしながらチラチラながめているだけといったところもありました。

天草の樋島（ひのしま）の下桶川（しもおけ）にも、水俣病としか思えないような子がいましたけど、親は絶対に診せにやらないという、そういう子もいました。また、わざわざ車を使って一家そろって映画を見に来てくれた家族といろんな話をしていたとき、おじいさんの手を見たら水俣病患者特有の手なんです。僕は医者じゃないけど、患者の手をよく見てますからドキッとしました。それで水俣に入っていた看護婦の堀田静穂さんや支援の若者を呼んで実際に調べてもらったら、結局、このおじいさん、おばあさん、息子さん、姉、弟など一族一〇人が水俣病だとわかった。この人たちは映画上映があったからやっと話を切り出せたわけです。この一族の少年は非常に重症で、九州本土側の田浦(たのうら)にも山本富士夫君という重い胎児性の少年がいますが、彼より重いぐらいでした。

水俣から不知火海を挟んで十七、八キロの距離にある離れ島の御所浦の、そのまた離島の横浦島にいる岩本真実ちゃんは、（当時、水俣病が終わったとされた）一九六〇年以降に生まれたために胎児性とはなかなか認定されず、結局、認定されないまま亡くなったんです。直接的な死因も嚥下性肺炎、つまり食べ物の飲み込みに失敗したための肺炎で、重症の水俣病患者の死因によくあるものです。そのお母さんは、この子がいるため映画に来られなかったので、特別に家まで行って上映して、いちいち映写のコマを止めては詳しく話をして、すっかり納得してこの子の認定申請をしたんです。ところが、九六年の和解の二か月前に亡くなってしまいました。お母さんにどうされたか尋ねてみたら、「もう死んだからいいです」と。そういう悲劇のところでした。

また、水俣からはるかに離れた牛深(うしぶか)・深海(ふかみ)の年子の兄弟は、生まれたときから体が硬直して、重症の胎児性のような寝たままの状態でしたが、他には立派な兄弟もいて、なぜこの二人が、と考えてもわかりませんでした。そうした出会いを重ねながら一八〇〇日間、全体で三万人くらい住んでいる所で八〇〇〇人に見てもらうことができたので、かなり住民の話題になりました。もともと僕の映画が一番見られていないのは、水俣と不知火海周辺なんです。例えば、地元に住み着いた支援者や水俣病センター相思社の若者たちが上映運動をすればアカがやることになってしまうんです。何か底意があると思われてしまう。この前、来たのは自衛隊の募集映画だった(笑)みたいな話ですから。自衛隊と違って、僕たちが自前で作った映画ですから、もちろん有料でやりました。大人三〇〇円、子ども一〇〇円ですけど。

一方、僕たちの調査記録も蓄積され、これを『わが映画発見の旅――不知火海水俣病元年の記録』(一九七九年、筑摩書房)にまとめました。果たせるかな、私たちが巡回したところから、一〇年おかずに第三次訴訟や東京訴訟の原告患者がたくさん出てきます。どこの家が何を商売にしているかまで本には全部実名で書きましたから、照らし合わせて歩いて回るにはもってこいの資料だったんです。その裁判を支えた民医連(全日本民主医療機関連合会)はこれを参考にして、水俣の協立病院の看護婦さんや医療スタッフが手分けして訪ねたと聞きましたが、巡回上映の甲斐があったと思いました。

話は前後しますが、『医学としての水俣病』発表の翌一九七五年、カナダ・ケベック州のオンタリオ湖で先住民に水俣病が発生していることが判明しました。発生源はパルプ工場に併設された苛性ソーダ工場の排水に含まれる無機水銀が、森と湖の中で有機化していたんです。そこで、フィルムを持って二回カナダに行きました。二回目は川本輝夫さんたちと出掛けたんですが、一番熱心に水銀問題に取り組んでいたトム・キージックの家が放火されていたり、他の被害者のために日本にまで来たはずの人が一種の見舞金を独占して企業をやっていたり、建物はみんなボロボロ、大人も子どもも酒浸りが多くて、まったく何たる社会かと思いました。僕らは招かれざる客として出掛けていったので、結局上映もしない、何もできないで帰ってきたんです。長年の差別の結果が、あの状態と水俣病ですから、どこでも差別され、阻害されてきた人たちが被害者になっているんです。

『医学としての水俣病』に並行して、もう一本『不知火海』という映画を作りました。一九七五年の作品です。この映画で初めて撮影した御所浦島は、当時まだ、患者がほとんど出ていませんでした。しかし、患者がたくさんいるだろうと思って頻繁に通ったうえで、映画を撮りに行ったら歓迎の席を設けてくれたんですけど、ごちそうの魚介類の量がものすごいんです。御所浦の経験が巡回上映させたとも言えます。ここの登場人物は今では全員認定されました。

この映画の中に原田正純さんと胎児性患者の加賀田清子さんの会話があります。信頼している原田先生に清子さんが「頭の手術をしてほしい」というわけです。元通りの体に戻るということはないわけですから先生も困ってしまうんです。僕の予想を超えた話でしたが、胎児性患者の肉声として、誰にも言いたくないけど言いたいという、深い願いをかなえることができました。

一本の映画で終わるというものではありません。水俣の流れにそって十数本の作品を作ったのも映画に登場する人たちとのつながりゆえです。胎児性の人たちを描いた『わが街わが青春――石川さゆり水俣熱唱』(一九七八年)で彼らとのつながりは決定的なものになりました。それが次回作『水俣の図・物語』(一九八一年)につながっていきました。この人たちがいかに生きるかが、今の僕の関心の中心にあります。

僕の娘は胎児性の人たちと同じ年頃なんです。娘は水俣との付き合いもありますから、僕の中には絶えず比べてしまうものがあって、胎児性の子たちに何かえこひいきしてしまうんですが、水俣にも身障者の方がいらっしゃいますから、そういった方と一緒の流れになって、互いに人生を語り合うようになれば、この先もっと楽しみが増えるんじゃないかと思ったりします。水俣病だから苦しいし辛いのはわかっているから、それぞれが自分の日常の問題、それこそパンツを自分ではくにはどうすればいいかっていうようなことを考えている人はいると思うんです。そんなことまで話せるようになればいいなあと思います。そういう芽が今、水俣でできかけています。「ほっとはうす」という共同作業所ができて一年二か月(二〇〇〇年時点)になりますが、まだ続いているんです。その運動を立ち上げた同じ思いをもった人びともいます。胎児性患者はまだ四〇代ですから、まだこれから三〇年、四〇年と生きなきゃいけないから、そういうふうに人生を変えていってほしいですし、私たちも「胎児性だから」と奉るのではなくて、きちんと対等の付き合いをしなければならないと思っています。

最後に水俣病で亡くなった方の遺影集めのことを少しお話しします。一九九六年に開いた水俣・東京展で展示するため、(助手の)青木基子とともに一年間水俣に滞在しましたが、正直、遺影集めはもう二度としたくないと思うぐらい辛かったんです。とにかく断られる方が多かったですから。水俣ではおよそ一〇九〇人亡くなっている段階でした。ところが支援者たちが作った名簿や新聞のベタ記事を何年分調べてみても、八七八人しか所在地がわからないんです。その範囲で歩き回って探しましたが、やっと遺族にお会いできても遺影の提供、つまり撮影するのを断られる場合もありました。結局、全部で五〇〇枚集めました。人と名前を抜きにした出来事はあり得ないというのが僕の考え方です。水俣病事件はまず人と出来事を明確にして、そこからしか、祈りも、弔いも、償いも終わらない。それで、とにかくできるだけのことはやったという思いがあります。最近になって、またしてもいいかなとやっと思えるようになりましたが。

遺影集めについては、あまりお話ができませんでしたが、ここで終わります。ありがとうございました。

付――水俣病犠牲者の遺影を訪ねて

水俣病が公式にその発生が確認されて四〇年になる。チッソの排水中の有機水銀によってひきおこされた公害事件は、猫や人間のその惨苦の姿を通じて知られている。しかし、ひとびとの全容・総体は窺い知れない。もし、顔々を一堂に集めたらどうなるだろう。文学や写真や映画の描いた〝水俣病〟はある。しかし、水俣病犠牲者の遺影そのものを前にしたら、観るひとびとはなにを思うだろうか。

一昨年の秋から一年かけて、水俣病で亡くなった方々の家々を訪ね、その仏壇に飾られている遺影を複写して歩いた。今秋予定の水俣・東京展に展示するためだ。

……遺影展示の企画にあたって、私は関係者への手紙にこう述べたものだ。

「……現代の戦争の悲劇や、人類の愚行、過失の記憶の仕方にはいろいろあるでしょう。

米国にはベトナムで戦死したすべての兵士の名を彫った石碑の壁があり、アウシュビッツの犠牲者の髪の毛と入歯や眼鏡の山は鮮烈です。写真展示では知られているのはカンボジアでポル・ポト派に虐殺された人々の識別用写真の展示、沖縄の『ひめゆり資料館』には死んだ女学生たちの写真などです。即位後、沖縄を訪問した天皇はその資料館にニコニコして入ったが、不意打ちにあったようにうろたえた、とあるルポにありました。写真を見る、それが逆に写真から見られたのではないでしょうか」

私が水俣病を知ったのは三〇年前だった。そのころ、死者は四〇人だった。だが今回、着手時、死者数は一〇九〇人に達していた。たじろぎ、怖気づきもした。しかし同時に私にはある種の贖罪めいた気持ちがあったのである。

記録映画が私の仕事である。もし新聞記事やルポなら患者名は仮名にできる。医学論文でも人名は時に伏せてある。写真の表現は映像とはいえ、なまの声や言葉は伴わない。映画はレンズとマイクで、患者をまるごと撮る。無論、患者には撮影の都度、お断りしたうえでの撮影だったが、一〇年も経つと、「まだあの私の出ておるあの映画を見せてまわっとるのか」といわれることもある。ミナマタ映画は国際的にも知られ、ビデオは世界に普及している。歳月が患者を変え、今は「むしろ忘れられたい」のかもしれない。そのことが風化の実態である。せめて篤い鎮魂があったら事態は違っただろう。

「鎮魂にさきだち、まず記憶せよ、そして祈れ」、それが私の仕事の核心になった。遺影を断られることは充分に予想していたが、困難は別の形で現れた。それは被害者、つまりその遺族が摑めなかったからだ。

水俣病死者数はつねに正確に公表されていた。また近年、「慰霊式を復活した水俣市」という印象から、せめて水俣市では死者の名簿は公にされていると思ったが違った。水俣市や近隣の市町当局も「死者の鎮魂は良いこと。賛意を表します」と口を揃えて言われる。しかし名簿となると「プライバシー保護のため、死者といえども公表できない」とガードは堅かった。結局、不知火海全域の町村の被害者の原簿となると、加害企業チッソにしかなかった。そのチッソも「患者の団体ごとの許諾がなければ教えられません!」。二十数派に細分している患者団体の実態では、すべての許諾を得るのは到底、不可能だった。

私は助手の青木基子と一から資料集めや聞き取り作業を始めた。二十数年分の新聞(死亡欄)記事からも物故者名を探したが、死者総数の八割しか摑めなかった。一年で撮影できた遺影は五〇〇であった。「これが水俣病事件の〝現在〟か」と思う。水俣病隠しの風潮は町にも家庭内にも浸透していた。

今までも患者から「……たまりかねて申請すれば村八分、認定されて補償金をもらえばおごとだった」とよく聞かされた。だから今回、死者の遺影の取材に限ったのだ。

旧知の患者たちも「生きとる人じゃなし、仏さまならもうよかろうもん。みな撮らせてくれると思う。私がついて行こか?」と言ってくれたりした。が断り続けた。そのツテを頼るのはやさしい。だが、私たちは畢竟、東京に帰る人、患者は土地の人だ。あとにモメゴトを残しはしないか……、実際に断る遺族も多かっただけに固辞した。

残された方法は一戸一戸への〝巡礼〟であった。私たちは未知の水俣を辿る希有の体験をしている気がした。「東京からきた人が「遺影を撮らせてくれろ」という」。めったに人の訪れない離島や僻村であればあるほど、遺族にとっては訝しかったようだ。だが、訪意を知ると遺影に向かい、「あんたの行きたかった東京だもん、写真でなと行ってきなっせ」と冗談めかしていう老女や「招魂式を東京でやってくれるのか」と私たちを近隣に引き回す世話役もいた。東京に親兄弟の魂が招かれる……それはやはり華やぎだったようだ。それが私たちを支えた。「手紙は読んでいたが、まさかここまで来るとはなあ」と笑う。その声が今も耳朶に残っている。それが水俣・東京展への私たちの支えになっているのだ。

丸山定巳

水俣病と地域社会

私の専門はもともと地域社会学となっていますけども、私が大学院に入った一九六三年ころはまだ環境社会学という分野はなかったんです。環境社会学ができたのは二〇年ぐらい後ですかね。ですから私が関心をもっていたのは地域社会学、とくに都市社会学でした。都市問題というと当時高度経済成長期で滔々と都市化が進行しいろいろな問題が噴出してきて、そのなかで公害問題が都市の大きな問題になってきた時期でした。そういう都市社会学の分野から研究に入って、私が熊本大学に赴任したのが一九六八年です。

それはちょうど一九六九年(昭和四四年)の六月に水俣病第一次訴訟が提訴され、ようやく患者の人たちの復権の運動が台頭してきつつあった時期でした。それまではまだ水俣病の原因者は決まってないということで突っぱねられて、患者の人たちもどうしようもなかった。五九年の非常に不当な見舞金契約で闇の中に押し込められていたわけです。歴史に「もし」という言葉はありませんが、新潟の水俣病が見つからなかったら本当に闇の中に閉じ込められてしまったかもしれない。(新潟水俣病の発見まで)時間が五年ぐらい過ぎていたんです。五九年末の見舞金契約で、マスコミも含めてとにかく「ああこれで水俣病事件は終わった」

ということになっていた。それ以降も水俣病事件では重要な出来事がいくつかあったんですが、もうマスコミもそれを大きくは報道しない。例えばチッソ水俣工場の排水から原因物質であるメチル水銀の結晶が抽出された。それから原田正純さんたちの努力でそれまで小児マヒ様というふうに扱われていた胎児性の患者が、すでに母親の胎内にいるときに有機水銀、メチル水銀の影響を受けていることが科学的に実証された。これは人類にとって非常に重要な出来事だったんですけれども、もう五九年の末で水俣病事件は終わったとされていたんです。被害者だということもあいまいで、患者の人たちはずっと低額の支払いしか受けられなかった。しかも当時患者として認められたのは一二〇人ばかりで、大勢の人が放置されていたわけです。

　ただ「天網恢々（かいかい）疎にして漏らさず」と言いますか、結局、新潟で第二の水俣病が見つかったことで、その時期にはもう国民世論として公害問題に対する関心が非常に大きくなって、環境保全意識も高まってきていましたから、第一の熊本の水俣病のように抑え込むことができない。原因はどこだ、何だと公表しなければならないところまで政治行政が追い込まれたわけです。それで一九六八年、新潟の水俣病は昭和電工が発生の基盤をなしていると発表する直前になって、第一の水俣病については全然公的に言ってないのはまずいじゃないかということになり、結局水俣病の原因はそれぞれ、第一はチッソである、第二は昭和電工である、とその年の九月に公表された。このときようやく患者の人たちが正当な補償、償いを求める根拠ができたんです。ところが患者の人たちが直接チッソに交渉を申し入れてもチッソはなかなか対応してくれない。そこでその後どうするかということになって、それまで一つだった患者団体「水俣病患者家庭互助会」ですが、また第三者に斡旋をお願いしてお任せしようという人たちと、いやもう見舞金契約で煮え湯を飲まされているから第三者に委ねるのはいやだという人たちの二つに分かれる。結局後者は、チッソが交渉に応じないのであれば道はもう裁判しかないということで、六九年の六月にいわゆる第一次訴訟が提訴されることになったわけです。

そのころ、ようやく水俣で「水俣病対策市民会議」が立ち上がったばかりでしたし、訴訟支援をきっかけに「水俣病を告発する会」も熊本市にできました。しかし、それだけではどうも裁判が心細いから支援するための研究会を作ってもらいたいという話になって、九月に「水俣病研究会」が結成されます。私もその結成に参加して訴訟を支援しました。そしてその成果は『水俣病にたいする企業の責任――チッソの不法行為』(水俣病を告発する会、一九七〇年)という一冊にまとめまして、一次訴訟は提訴から三年九か月後の七三年三月に勝訴で決着がつくわけです。そのころになると大勢の若者が支援者として水俣にやってきていました。けれども水俣病事件はすでに二〇年近く経っていたものですから、若い支援者たちがきちんとおさらいができるような資料集みたいなものを研究会で作ってくれないかという話が石牟礼道子さんからありました。それに乗って最初は簡単に完成させられるだろうと思ったら、それから延々二〇年かかって『水俣病事件資料集』（葦書房、一九九六年）を完成しました。

そういう経緯でずっと水俣病に関わってきているんですが、私の関心は先ほど言いましたように特に「地域社会」にあります。ですから、どうしても「地域社会・水俣」という研究観点が続いておりまして、そういう視点から見ていくと、水俣病事件というのは常に地域社会がいろいろな意味で大きく関わりをもって展開してきていることが改めてわかってくるわけです。

水俣病事件の要点、水俣病に対する責任の大きな問題として三つのことがあります。まず発生させた責任。それから発生がわかったらそれ以上発生させないために緊急に防止しなければならないのが当然なのに、現実には、わかっていながら被害を拡大させてしまった責任。これは大きなポイントです。それから補償する責任。水俣病の発生と拡大は今では過去の出来事となっています。ただ拡大に関しては、チッソが流した水銀を含んだヘドロが完全に除去されているかというと、きちんとした証左がないからはっきりしない。ですから完全に拡大要因がなくなったとも言えないわけですが、一応過去のこととなっている。しかしいまだに水俣病問題が続いているのは結局償い、補償の問題があるからです。これが終わってない。補償を受ける前提として、行政の認定というプロセスをたどる際、そこで水俣病と認められないと補償されないため、その点で「水俣病は何か」をめぐっていまだに争いが続いている。これら三つの点について、非常に紆余曲折のある複雑な過程をなぜ経てきたかというと、やはり地域社会が深く関わっていると言わざるを得ません。

それを順々にお話しします。まずなぜ発生したか。水俣病はある日突然発生したというものではありません。あるいはチッソ水俣工場が最初におこした問題が、水俣病の原因となったメチル水銀排出による魚の汚染かというと、そうではない。実は水俣病以前に「水俣病事件前史」とでも言える段階があるんです。その段階で地域社会がきちんと対処できなかったことが結局水俣病を引き起こしてしまったという面があります。

チッソは水俣に工場を造って、まずは肥料会社として石灰窒素などの生産を始めます。すぐに需要が開拓できてどんどん成長したわけではなかったんですけれども、そのうち第一次世界大戦が起こって欧米から輸入していた化学肥料が途絶するんです。その結果国内の化学肥料の需要が高まって、第一次世界大戦期の一九一四年から一八年にかけて水俣工場は急拡張していきます。作ったら売れるという状況で、どんどん生産規模を拡大し、従業員も多くなって水俣の人口が増えていく。しかし、工場排水をきちんと処理して流すということは最初から考えてなかった。どんどん排水の量も多くなってくる。

結果として、非常にいい漁場だった水俣湾の、特に奥あたりにあって(魚の)産卵場所としてもいい藻場がまず破壊されてしまうんです。そのときにはまだメチル水銀は出ていなかったわけですが、これまでいい漁場だった所がチッソの工場排水で汚染され、破壊されて魚が獲れなくなる。漁民たち、漁業組合は何とかしてくれと言っていくんですけども、チッソは全然とりあってくれない。だけど漁業組合はますます困窮してもう組合自体が立ち行かないというところまで追いつめられたもんだから、必死になってチッソに申し入れをする。そこでチッソも、では現場を見てみようということで行く。そうしたら、やはり自分のところの工場排水が、これまでいい漁場だった所の海面を汚濁、汚染してしまって漁のできない状態にしていることを認めざるを得なかった。そこで最初の補償というのが一九二六年(大正一五年)にありました。一九二六年にすでにチッソは漁業補償をせざるを得なかったわけです。

ただチッソの場合は「補償」という言葉は使わないんです。「見舞金」と言う。水俣病患者に対しても、最初は一九五九年(昭和三四年)に「見舞金契約」で決着をつけられた。補償じゃない、償いじゃないんです。財力のある者が困っている人を見舞うんだと。自分の責任を認めて「補償する」という言葉を使おうとは絶対しません。とにかく最初から「見舞金」を払わざるを得なかったほど、水俣の海は工場の規模拡大とともにどんどんどんどん汚染されて豊かな海ではなくなってきた。それによって漁民は非常に苦しめられていったわけです。

しかし問題は、それが水俣という地域社会全体の問題として受け止められなかったということです。漁民が苦しんで、当然その情報は町中に伝わっているけれども、地域社会の他の構成員の間では、工場排水が悪いとか、補償すべきという声がどこからも上がらない。今だと「環境権」という言葉がありますが、本来は潮干狩りや海水浴もするような海が破壊されてしまっているのに、地域社会全体、特に工場がある市街地の方からは全然反応がない。漁民だけがずうっと苦しめられる状態が続きました。一九五六年の五月に水俣病が公式確認されて大きな社会問題となってくるわけですが、そのときまではもっぱら漁民だけの苦しみだったんです。それに対して関心をもって何とかしようという動きが、他からは全然出なかった。

これは第一次世界大戦中にチッソの拡張につぐ拡張で水俣の人口も増えて、だいたいその後には、チッソを頂点とした地域社会の権力構造が形作られてしまっていたからです。チッソは自治体や役場関係において、自分たちの企業活動がやりやすい条件を整備してもらうためということもあって、チッソの出身者や関係者を市議会に送り込むとか、市長、町長として当選させるというようなことをやっている。一般住民においても、多くはチッソで働いていたり、あるいは働いている人たちが消費してくれるからという理由で、チッソに依存した体制が形作られていきました。だから、チッソによる海の汚染は困ったもんだとは思っても、それに抗議する声や、何とか対処する必要があるんじゃないかと唱える声は全然上がってこなかったんです。

第一次世界大戦後くらいになると、水俣は完全にいわゆる「企業城下町」「チッソ城下町」的な構造になってしまいました。住民の大部分にも「チッソがあるから自分の暮らしがあるんだ」というチッソ依存意識、別の言葉で言うと「チッソ運命共同体」意識がどんどん作られていった。ですからチッソが困ったことをしていても、それに対してきちんと直させるような動きは出てきません。そういう社会的勢力がまったくなかったということが結局、野放図な工場排水の放出を続けさせたんです。そしてその一つとして一九三二年(昭和七年)からアセトアルデヒドの生産工程が作られて水銀もまた流れだすことになります。

加えておきますと、当時チッソは海だけではなく陸上でも同様でした。排ガスや煤煙にも無害化するための費用を全然使っていませんから、時として事故が起こったりすると、塩素ガスが周囲の畑を覆ってしまうようなこともありまして、定期的に農産物の被害が出ていましたし、工場の裏山はかなり早くから、木の生えない枯れ山になっていました。つまりチッソは周囲の公的な環境を、いわば「私物化する」ということをずっと続けてきたわけです。そういったチッソの姿勢・行動をチェックする勢力が水俣の地域社会にはまったくなかったことが、結果的に水俣病を起こしてしまった。水俣病が極限だったわけです。

水俣病が公式確認されて、これは大変だということで水俣の地域社会が少し変動してくるんですけども、しかし結局有効な対応はできませんでした。対応できないまま被害を拡大させてしまった。これは一つには国レベルで、電気化学から石油化学にうまく体制転換できるまで、メチル水銀を出していてもチッソのアセトアルデヒド工場を続けさせにゃいかん、それでないと石油化学計画に狂いがくるというので、通産省が「いや、まだ原因は確定してない」と言い張っていたことがあった。チッソは、もう内々には自分の工場のアセトアルデヒド製造設備から流出した有機水銀、メチル水銀が水俣病の原因だということを実験でも確かめていたのですが、それを公表すると製造・操業を続けるわけにいきませんから、秘密裏にどんどんどんどん生産量を拡大していきました。それに対して、現状の法律ではどうしても排水規制ができないのであれば、特別立法で対処すべきではないかという議論が県議会や国会などで話されだしていました。

地元社会はどう対応したかというと、「これは大変だ。排水規制が出てくる、操業停止になる恐れがある、これは市民にとって大変だ」ということで、排水規制するような立法は慎重にしてくれ、規制してくれるなと、地元社会もむしろ工場排水を流し続けることを進めていきました。水俣病の原因は有機水銀だという熊大研究班の説が、中央(厚生省)の食品衛生調査会水俣食中毒部会で決定しそうになる。決まったらその有機水銀はどこから来ているかということになり、チッソの排水に含まれているとわかって、やっぱり排水を停止しなければならない。そうすると操業を停止しなければならない。だから水俣病の原因についての結論は慎重にしてくれ――と、こういうことを、わざわざ市長、市議会議長をはじめ地元の主だった有力者たちが県や県議会に陳情して、排水規制をしないように働きかけた。ですから結局、地元地域社会が被害の拡大に関わったとも言えるんです。排水が原因である蓋然性は極めて高くなっていたのだから、漁民だけではなく地元社会、地域住民も排水を止めようという方向に動いていたら、チッソも排水に対する対策をもっと厳しくやらなければいけない状況が出てきたかもしれない。しかしむしろ排水を出せないと操業を停止することになり市民にとって死活問題だから「排水規制するな」という受け止め方で、結局抑え込もうとした。地域社会が拡大にも加担してきたと言えるわけです。

それからもう一つのポイントである補償の問題。現在まで続いている問題です。なぜ半世紀以上も償われない人たちが多数いるのか。これまで見てきたような偏見や差別を恐れて今でも名乗り出ない人がたくさんいるからです。「症状があったらちゃんと診てもらって判断してもらえばいいじゃないか」と思われるかもしれませんが、事はそれほど簡単じゃないんです。特に初期に発症した人たちが差別され抑圧されたところを見ている地域の人々は、自分が名乗り出てそうならないように、我慢できるぐらいの症状は我慢しようと考える。このように、地域社会が被害者を抑圧し差別する雰囲気があるせいで、正当な補償を得るために名乗り出られない状況がずっと続いてきている。患者の人たちが最初の裁判を提訴した後、のちに自主交渉闘争をやる患者の川本輝夫さんなどが、従来の患者認定基準は非常に狭すぎるということで行政不服審査請求をしたときもそうでした。ちょうど発足したばかりの環境庁がそれまでよりは広く水俣病患者をとらえるようになり、七一年の環境庁裁決以降だんだん認定される患者が増えてきた。川本さんたちも認定されて、現在まで一番内容のある補償協定をチッソとの自主交渉によって最終的に獲得するんですけども、その時期も水俣は大変だったんです。

例えば川本さんたちの自主交渉闘争に対しては非常に批判的な動きが出てきて「ニセ患者」という言葉が一時期使われました。「あいつはニセ患者である」と。「診察のときにはフラフラしておいて普段はちゃんと歩いてる」とか、あるいは「アル中だ」とか、そういう言い方がされた。川本さんたちが水俣工場前に座り込んだときには「限度を超えた補償要求は市民が困ります」というような文句で患者を批判する（新聞折り込み）ビラが何度も出てきた。患者がチッソに要求すると、チッソに依存している市民が困る、そういったビラが堂々と出る。さらに、何とかチッソを支援しなければならないということで、漁協（漁業協同組合）や患者団体以外の諸々の組織団体が一緒になって、オール水俣共同戦線的なものが出来上がった。そのとき浮池正基という人が市長だったんですけれども、市民大会を開いてどういうことを言ったかというと「全国の世論を敵に回しても我々はチッソを守る」と。

このような状況では患者はなかなか名乗り出にくいわけです。今でもそういう人がいます。

二〇〇九年に特措法（水俣病被害者の救済及び水俣病問題の解決に関する特別措置法）が施行され、一時金つきの被害者手帳をもらうか被害者手帳だけでいいかという申請を受け付けたわけですけれども、水俣の地域社会では被害者手帳だけでいいという人が多かったんです。どうしてかというと、チッソから金を取ったとは言われたくないからなんです。被害者手帳というのは（対象者の医療費の自己負担分を）行政が負担しているだけなんです。一方の一時金はチッソが金を出さなきゃいかんという関係になります。そういうことで補償の問題でも、すんなりと被害者が表に出て被害者として認められてきちんと正当な補償を得ることができない状況が続いている。水俣病についての医学的研究が放置されてきたことが問題を引き起こしている面もあります。認定基準の問題も続いていますが、患者、被害者が抗議している点を納得させるような審査が今後、水俣病認定審査会でどの程度行われるようになるか。

地域社会が大きく事件史に関わってきました。今でもそうです。最近多少変わってきている面もありまして、ここ三期チッソ寄りの市長候補が落選して、どちらかというと「市民派」と言われるような市長が誕生していますが、非常に僅差です。また市議会はまだまだチッソ出身者あるいはチッソ寄りの保守系が多数派で、そうではない市長が誕生して環境を優先するようないろいろなことをやろうとしても、前の宮本勝彬市長（任期二〇〇六〜一四年）

が非常に苦労していたように、議会で否決されてしまう。そういう状況が続いていて、水俣という地域社会の構造は残念ながら基本的には変わっていません。

今日の講演会全体のタイトルが「ともに生きていく」ですけども、なかなかともに生きるという状況が出てきていないのが水俣の現実です。

富樫貞夫

水俣病事件は解明されたのか

熊本から参りました富樫です。どうぞよろしく。

私が水俣病事件と出会いましたのは一九六九年ですから、はるか昔のことになりました。それから今日(二〇〇八年)にいたるまで、患者の支援をしながら水俣病事件にずっと関わって参りました。今日これからお話しすることは、現地の近くで四〇年、この事件を見守ってきた者の一つの証言としてお聞きいただければ幸いです。

今日は二つのことをお話ししたいと思っています。一つは水俣病事件の現状はどうなっているのかということです。二つ目は最近亡くなられた杉本栄子さんという患者について話したいと思います。そして、この二つの話は実は繫がっています。

そもそも、奇病といわれた悲惨な病気が水俣市の漁民集落を中心に集団発生していることがわかったのは、一九五六年五月のことです。それから五二年という時間が流れたにもかかわらず、この事件が生み出した被害の補償すら終わっていないんです。認定と補償を求めていくつもの訴訟が今でも係争中です。被害者への補償はもちろん重要ですし、急がなければならないけれども、さらに深刻な問題として、実はこの事件の解明そのものがまだ終わっていないということがあります。この事件を中途半端な、あいまいな形で終わらせてはなりませんし、そういう終わり方は日本の大きな罪であろうし、恥だと思うんです。そのことをぜひ皆さんにご理解いただきたいと思います。

まず最初に、水俣病の発生確認から五二年という長い時間をかけて、この事件が一体どれだけ解明されたのか、問題の全容がどれだけ明らかにされたのかということです。「水俣病というのはこういう事件です」「それはこういう問題です」というように、私たち日本人はどれだけ確信を持って説明できるでしょうか。こういうことを考えるために、ごくごく基本的なことをこれからお話しします。

水俣病事件は膨大な被害者を生み出しましたが、その被害者は一体何人なのか。五〇〇〇人なのか一万人なのか。現在にいたっても、この問いに誰一人答えることができないんです。チッソ水俣工場から工場排水として流出したメチル水銀が海をひどく汚染していた時期に、不知火海一円に住んでいた人たちは、熊本県の試算で四七万人という大変な数に達します。その人たちは当時多かれ少なかれ海の幸に依存しながら、生活していたわけです。問題はその四七万の人たちが、メチル水銀によって汚染された魚をどれだけ食べて、その結果、どういう健康上の問題を抱えていたのかということです。こういう基本的なことが五二年たった現在もまったくわからないままなんです。

私どもがわかっていること、あるいは行政が言うことは、これまでに認定された患者数と一九九五年の政治解決によって不充分ながら救済の対象になった被害者たちの人数だけです。

熊本・鹿児島両県の水俣病認定患者は二二六八人、政治解決で和解の対象となった未認定患者は一万三五三人です。また、ここ三年の間に環境省が提示した新しい救済策に基づく「新保健手帳」を申請して、その交付を受けた患者たちもたくさん出てきています。もちろん、この人たちは水俣病患者とは認定されていないんですが、汚染地区に長年居住して汚染された魚を食べた結果として、手足などのしびれがある。こういう人たちは現在一万四四三五人ですが、この救済策は、保健手帳の交付を受けると医療費の中の自己負担分が免除されるという極めて限られたものです。以上三つの数字を合計しますと二万七〇五六人になります。では水俣病の被害者というのは、約二万七〇〇〇人なのかというと、決してそうではありません。これ以外にも、自分も水俣病ではないかと考えてようやく申請に踏み切った人たちが数千人おります。その中には政治解決による救済では納得せず、裁判できちんとした補償を要求している人たちも含まれています。

では、これだけの人たちを先ほどの数字に加えれば水俣病の全被害者数になるかというと、それでも不充分なんです。たまたま手を挙げた人たちがそれだけの数になったというだけで、まだ調査対象にもされないまま、自分ではなかなか手を挙げられない人たちがかなり残っています。では、その人たちの健康状態を調査して明らかにすればいいではないかと思うわけですが、そうするためには、当時汚染の影響を受けたと思われる四七万人を対象にして大掛かりな調査をしなければなりません。

二〇〇八年四月まで熊本県知事だった潮谷義子さんは、それをやるべきだと考えて、その話を環境省に持っていったのですが、その後、完全に店ざらしのままです。多分このような調査は行われないまま終わってしまうんではないかと思います。ですから、これほど重大な事件が発生したのに、一体被害者は何人出たのかという基本的な問いにも、誰一人として答えられない状態なんです。

もう一つの問題に移ります。それは不知火海の汚染がいつまで続いたのか。そしてそれが、沿岸に住む人たちにいつまで影響を与えたのかという問題です。一つだけはっきりしていることがあります。メチル水銀を流したのはチッソ水俣工場の中のアセトアルデヒドを製造する工場でした。その工場は一九六八年五月には運転を停止しているわけです。ということは、工場の生産活動にともなって、メチル水銀が水俣湾や不知火海に流出したわけですから、少なくとも一九六八年五月以降は流出しなくなったということです。問題は、それまでにチッソは大量のメチル水銀を流したわけですが、それがいつまで海を汚染し、魚を汚染したのか、これが全然調査されていないのです。

これに関連して具体的に困った問題が発生しています。自分も水俣病ではないかと最近新たに認定申請している人たちの中には若い世代が大勢いるんです。一人や二人ではありません。今までの認定患者からみればかなり下の、三〇代の後半から四〇代ぐらいの世代です。胎児性患者が大体五〇歳前後になっていますから、それよりさらに若い世代です。こういう人たちが水俣病と変わらない症状を訴えていまして、それで主治医の診断書を添えて認定申請しているわけです。

この人たちの認定申請をどう扱うのか。今後、県の認定審査会や裁判の中で大きな問題になると思います。特に一九七〇年代以降に生まれた三〇代の人たちが、はたして汚染の影響を受けたと認められるのかどうか。たとえ水俣病と似た症状があったとしても、その何年か前にメチル水銀の流出は終わっているから、あなたの症状は海の汚染から来たものではないと言われる可能性が高いのです。

もちろん、海に流れ出た水銀がすぐなくなるということは考えられません。ではそれが一体いつまで不知火海を汚染し続け、そこに棲むたくさんの魚たちを汚染したのか、これは調査しなければわからないことです。しかも、それから四〇年もたった現在の時点で、当時の状況を再現するなんていうことは不可能ですから、これからシミュレーション調査をするにしても非常に難しくなっています。しかし、調査の方法がまったくないわけではないとしたら、今からでもやはり調査すべきではないでしょうか。


水俣病問題の現状を知っていただくために、次は医学の話に移ります。水俣病の症状については、写真や映像、テレビを通して、皆さん、ある程度はご存じかと思います。私は医学の専門家ではありませんが、長年水俣病の医学研究をやってこられた原田正純先生たちとは、以前から研究会で議論してきましたから、いわば「門前の小僧」よろしく身近に水俣病の医学研究を見てきた者としてお話ししたいと思います。

水俣病の典型症状としては、感覚障害、運動失調、求心性視野狭窄、難聴、構音障害などが挙げられます。具体的には、たとえば、ご飯を食べているときに箸をポロッと落としててしまう、タバコに火を点けようとしても手が震えてなかなか点けられない、あるいはシャツのボタンを掛けようと思っても指がうまく動かないとか、サンダルを履いても気付かないうちに脱げてしまう。こういう形で体の異常に気付く人がほとんどです。先ほどここで体験を語られた生駒秀夫さんは、こうした典型症状のほとんどを持っておられる患者です。

この中の一つ、感覚障害を取り上げてみたいと思います。これは、主に四肢末端や口の周りのしびれ、感覚の鈍麻を指しているわけです。患者の発病記録などを見ますと、まず最初に現れるのがこの症状です。これは、行政の認定基準では非常に重視されていまして、感覚障害がないと水俣病と認定されないわけです。ところが、水俣病の感覚障害は、長い間、誤った捉え方をされてきました。患者の手先の感覚が低下したり鈍くなったりするのは、手先に集まっている末梢神経がやられるからだと考えられてきたんです。しかし、一〇年ほど前から、そういう捉え方は根本的に間違いではないかという医学的反論が出てきました。

人間の体に入ったメチル水銀が一番蓄積するのは脳だといわれています。その水銀が大脳や小脳の神経細胞を壊してしまうわけで、それが水俣病という病気の怖いところです。そこから考えると水俣病の感覚障害は糖尿病などの感覚障害と根本的に違うのではないかというわけです。手足の末梢神経がやられると確かに感覚がおかしくなるけれども、水俣病の感覚障害は大脳皮質が傷害された結果として起こる、もっと複雑な症状だという考え方がだんだん有力になってきています。

実際に患者の感覚障害を細かく見ていくと、手足の末梢神経だけがやられたのでは考えられないような、もっと複雑で多様な症状が見つかると聞いています。けれども今までの水俣病医学はそういうものをきちんと取り上げて明らかにしてきませんでした。脳の中枢がやられたら人間の感覚がどう障害されるのか、あるいは運動機能がどう障害されるのか。これまでの定説にとらわれずに、もう一度、根本的に見直さなければいけない。そういう動きがようやく出始めています。

これまで、水俣病とはこういう症状を持つ病気であり、その病理所見はこうだと、ある程度固まっていたわけですけれども、それを根本的に見直さなければいけなくなってきました。しかし、今までの定説に代わる新しい水俣病の病像がいつになったら形成されるのか、目途はまったくついていないようです。水俣病の研究をしている医学者が非常に少なくなっていますので、さらに五〇年かかるかもしれません。

いずれにしてもこれまでの見方ではダメだということが、この一〇年の間にかなりはっきりしてきたと思います。水俣病が発見されて以来の五二年の間にいろいろ研究されてきたけれども、皮肉な言い方をさせてもらえば、水俣病に関する医学研究は三〇年前で止まった状態にあると言っても、たぶん言い過ぎではないのではないかと思います。

水銀汚染は今では地球上に広がりまして、地球温暖化問題と並んで非常に大きな問題になっています。こうしたなかで、水銀がもたらす健康被害がとても心配されています。その焦点は水俣病とは異なり大気汚染です。たとえば、中国にしてもアメリカにしても大量の石炭を燃やして火力発電をやっています。そのときに、石炭に含まれていた微量の水銀が全部大気中に出て、それが大気汚染の原因になっているんです。また皆さんのお家でも水銀の入った寒暖計や体温計を使っていましたし、蛍光灯一本一本にはごく微量ですが水銀ガスが入っています。これが廃棄物となり、そのまま潰されたら、中の水銀は全部大気中に出ていきます。主にこのような形で、今、水銀による大気汚染が地球上に広がっています。

今まで認定された水俣病患者の毛髪水銀量は二〇〇～三〇〇ｐｐｍはザラと言ってよい値ですけど、今心配されているのは、妊婦の毛髪中のメチル水銀が一〇～一五ｐｐｍという、ごく微量の汚染でして、その程度の微量汚染でも胎児に悪影響を与えることがわかってきました。北海のフェロー諸島の子どもをフィリップ・グランジャンという人が調査したデータがありまして、たとえば計算能力などの思考能力が低下しているとか、全般的に運動が拙劣であるとか、そういう調査結果が出ています。

もちろん、水俣病と同じような健康被害を二度と起こしてはならないというのは、国連をはじめ世界中の人たちが肝に銘じていることですので、これほどひどい被害が今後どこかで起こる可能性は高くないと思います。今心配されているのは微量汚染による健康被害でして、なかでも次世代に与える影響です。これが今、世界の水銀汚染の中心問題として議論され、その対策が検討されているわけです。しかし残念なことに、こうした問題について日本では非常に関心が低いんです。日本では水銀汚染イコール水俣病の問題と、短絡的に受け取られてしまうので、「水俣病の補償・救済を急がなければならない」ということで、すべて終わってしまっているわけです。

それからもう一つ残念なのは、かつて不知火海沿岸に住んでいた四七万の人たちは、多かれ少なかれ魚を食べて水銀に汚染されたわけで、その中には今世界中で問題になっている毛髪水銀が一〇～一五ppm程度の微量汚染を受けた人たちが、おそらく万を数えるほどいたはずなんです。そういう人たちは、健康上なんの問題もないということでまったく調査の対象にされていないし、データも蓄積されていないんです。それがあったら、今、世界中で問題になっている微量汚染による健康被害の問題にとって、とても貴重なデータを提供できたはずなんですが、まったくできていません。残念ながら、これが水俣病事件の現状です。

さて、このようにひどい現状の下でも水俣病患者は生きていかなくてはならないわけです。行政や医学がどんなことをやろうと、またどんなに手を抜こうとも、そうした現実の中で患者は生きていかなければならない。このことの意味をぜひ考えていただきたいのです。

今年、二〇〇八年二月二八日に杉本栄子さんという六九歳の患者さんが亡くなられました。この方について少しお話ししたいと思います。

栄子さんは、茂道（もどう）という水俣病多発地区の漁民集落の網元の一人娘で、特に父親から網元を継ぐべき人間として薫陶を受けながら育った方です。「海は私のいのち、私の宝」と、生涯、海に感謝をしながら生きた方でした。本来、いのちそのものであるはずの海に生きてきた人がその海の幸によって水俣病を発病し、苦難の生涯を送らざるを得なくなったことはあまりにも痛切な皮肉というか、これほどの悲劇はないと思うんです。しかも栄子さんの家族は、両親が水俣病患者であり、栄子さんのご主人の雄（たけし）さんも認定患者でして、杉本家は一家の大人四人全員が発病したんです。そういうなかでも家業である漁業をなんとか続け、そして息子さんたち五人を産み、育ててこられた方です。

この茂道という漁民集落の中で、栄子さんのお母さんが最初の患者だったんです。栄子さんが二一歳のときでした。集落全体が漁業に依存していて、その中から一人でも患者が出たら「あそこの魚は危ない」「あそこの魚は買っちゃいけない」という噂が流れてしまいます。ですから茂道という集落に大変な衝撃が走りました。その結果返ってきたのは、村八分に近いようなイジメと非難でした。そのなかで杉本さん一家はものすごく苦労をしてこられたのです。けれども父親の進さんが大変よくできた方で、周囲からどんなにひどい仕打ちをされても仕返ししてはならない、村の人たちを恨んではならないと繰り返し繰り返し栄子さんに教えたそうです。

栄子さんも若いころはそういう考え方に反発も感じたようですが、自分の運命を恨み、人を憎むだけでは人は生きていけないことに気付いて、次第に父親の教えを受け入れられるようになったようです。病苦と貧困と偏見のなかで、一九六〇年代までは人前でご一家の水俣病体験を語るということは、ほとんど考えられないような内向的な生活を送っておられたんですけれども、七〇年代末に農薬を使わない甘夏みかん作りを始められたころから自らの体験を語り始め、晩年になって水俣市立水俣病資料館の語り部になられてからは、全国各地にも足を運んで毎日のように水俣病のお話しをされるようになりました。この記念講演会や水俣展でも何度か話をしておられますね。ですから杉本栄子という一人の水俣病患者の六九年の人生を振り返ってみると、最後の十数年は本当に充実した輝かしい日々だったのではないかと思います。

栄子さんは、よく「のさり」と言われたんですが、これは「天の賜物」「天からの贈り物」という意味の水俣方言で、大漁のときなどによく使われる言葉です。杉本さんは、人に憎まれ嫌がらせを受けるのも、さらには一家の大人四人が発病するという水俣病の受難をも、全体として「のさり」として肯定的に受容しようと努められた。特に晩年はそのことを繰り返し語られました。そして亡くなる直前も「よくここまで生きてこられたな」「自分が自力で生きてきたというよりも、よくここまで生かしてもらえたなぁ」と、しみじみ話しておりました。そういう意味では、まさに栄子さんの一生は「のさり」の人生、「のさり」の生涯であったと言っていいと思うんです。そういう一人の患者の生き様というものが、同じ患者に対してはもちろん、患者を支援してきた私たち一人一人に対しても、どれほど大きな生きる希望と勇気を与えてくれたか計り知れないと思うんです。それほど豊かで、力強いメッセージを栄子さんは残して亡くなられました。

栄子さんがたくさんの人たちの前で話された最後が、去年の一二月でした。私が勤めている大学へおいでいただいたわけですけれども、お話の中で栄子さんは「知らないことは罪です。恥ずべきことです。しかし、知ったかぶりは人まで殺してしまう」と言われました。これが栄子さんの「遺言」と言ってもいい言葉となりました。

本日は、水俣病の現状から、この五二年間、日本の行政や医学者は一体何をやってきたのか、ということをお話ししました。私は、この日本の行政・医学に携わる人たちこそ、水俣病という重荷を背負って日々を生きなければならない方々に思いをいたし、栄子さんの残した「遺言」を正面から受けとめなければならない責任があると思うのです。

松岡洋之助

「水俣病を告発する会」の日々

一九七三年の何月か忘れましたが、社会運動には、もう一切関わりたくないという気持ちになって以来、発言しないできました。ですけど僕も今年（二〇〇〇年）で六五歳になって、いよいよ、いつ死んでもおかしくない歳になったんで、今日は遺言のつもりで、今まで黙っていたこともお話ししようと思います。

僕は一九五九年にＮＨＫに入ったんですが、宮崎の放送局で労働組合の分会長をやったり、左翼運動もやりました。ＮＨＫに入る前は学生運動もやっていて、原水爆禁止の世界大会に参加したこともあるんですが、それでも水俣にはあまり関心がなかったんです。それがたまたま六五年に転勤で熊本に帰ってきて、六九年に「水俣病を告発する会」ができて参加するわけです。そのときは僕も三五歳で元気でしたのでデモの隊長をやったり、会報『告発』の原稿を書いたり宛名書きをしたり、大学の文化祭シーズンには石牟礼道子さんの代わりに一か月に五回講演したこともありました。

その間もＮＨＫの仕事をしていましたが、僕は仕事では水俣のことは一切取り上げまいと思ったんです。ＮＨＫのような、時間が限られたなかで表現活動をするというのはサラリーマンと同じですから、サラリーマンディレクターぐらいに思っていましたが、仕事で患者さんと付き合って、運動も一緒にやりましょうなんて信用されるはずがない、だから仕事では一切しないと。自分が番組を作ることも大事かもしれないけど、非常におこがましいんですが、誰かが番組を作るような状況を作り出していくこと、それも一つの表現活動ではないかという気持ちでしたので、僕は自分の役割を果たして、それで運動がきちんと盛り上がっていけば、どこかの放送局や新聞社が取り上げるだろうと考えたんです。

もともと僕はマルクスや毛沢東なんかを勉強して、それに基づいていろいろやっていましたが、僕が非常に影響を受けた作家で思想家の埴谷雄高（はにやゆたか）さんが「共産党までは常識の範囲内だから、それより左の方を考えなければならない」ということを書いていたんです。そこに立てるかどうかが大切なところだと思って、僕は新左翼の方に移っていくわけです。それでも、運動をするというのは何となく日本人の心情にそぐわない。やっぱりよそからの借り物だったんです。これと訣別しなければ、本当の日本の変革なり、新しい社会にすることなんかできないいんじゃないかと考えていたんです。そんなときだったんですが、僕がなぜ「告発する会」の運動をしたかというと、二つあるんです。

一つは患者さんたちが立ち上がったということです。その姿を見てショックを受けて、自分自身反省させられたのは、それまで自分たちがやってきた運動がなんと浅いものだったんだろうということです。「権利」だとか「資本の論理」だとか「社会主義の問題」だとか、そういうことは頭の中で考えたことで、なんと気楽な運動をやっていたんだと。それに比べて患者さんたちは、チッソからひどい目にあって厚生省からもひどい目にあって、しかもずっと放っとかれて、物凄いことをやられてきたんですね。それでもやっぱり水俣の漁民たち、あえて申しますけど、貧しい人たちはそれに抗議することもできなかった。そういう時代がずっとつづくわけです。それに気付いたら「ああ、これはもう付き合わなければならない」と思いました。

もう一つは、一九六九年四月一五日に渡辺京二さんが出したビラ「水俣病患者の最後の自主交渉を支持しチッソ水俣工場前に坐りこみを!!」(本稿末尾に収載)です。正直言うと、僕らがそれまでやってきた運動は、そのビラにグウの音も出ないまでに粉砕されてしまったんです。ビラに書いてあったことで一番打たれたのは、「水俣病問題の核心とは何か。金もうけのために人を殺したものは、それ相応のつぐないをせねばならぬ、ただそれだけである」という一文です。そこに僕は打たれたんです。だから僕には公害反対闘争とか裁判闘争というイメージはありませんでした。正直言ってアセトアルデヒドがどうだの、猫がどうしたのって言われたら、もう全然説明できないんですよ。僕はそんなこと知る必要もない。要するに人殺しをした人は、やっぱりそれ相応の償いをしなきゃいけないんだ、それができなければ世の中は闇だし、それを放っておいて、「我々は権利があるから何かをやろう」というようなことではなくて、もっと日本の近代法ができる前のところで本当にきちんとケリをつけようと。患者さんたちが、本当に我慢に我慢して、言いたくても言えずに死んでいくなかで、裁判という形で提起してきたことに対して、僕らは何かやらなければいけないんじゃないか、ということです。

それから、「熊本の地域住民にとって、水俣病は国家権力と巨大資本に対するもっともするどい闘争課題である。これをおいて、ベトナム反戦や七〇年問題をさけびたてることは、仮構の課題への思想的逃避ではないのか」とも書いてありました。目の前に、苦しくて苦しくて大資本に喧嘩をふっかけたおじいちゃんおばあちゃんたちがいるのに、大命題だけで何かやろうとする日本のインテリ、そんなのはお前、おかしいじゃないかと言っているわけです。まあ、それで昔の言葉でいえば、僕は理論闘争に敗れ去って、この闘いに付き合わなあかんなと思ったわけです。

「告発する会」の運動には原則がありまして、その一つは「やりたい人がやる」ということ、自発性です。やりたくない人は参加しなくてもよい。だから多数決は採らないし、全会一致で決めるということもありませんでした。

それから、「患者さんがやりたいことをやる」ということです。僕らの任務は、患者さんがやりたいことの準備をする、状況を作るということで、本田啓吉(ほんだけいきち)さんの言葉ですが、「義によって助太刀いたす」というような気持ちでやりました。自分の利益のための運動ではないということが、はっきりしていましたから。患者さんが望まないことはやらない。一株運動のときも、自分が株主としての権利を行使するなんて気持ちはさらさらなくて、僕らは株主総会で患者さんがチッソの社長と直接対決する場を作り出そうということでやったわけです。それで、実現したときは一緒にいたんですが、患者の浜元フミヨさんが「俺は鬼か」と言って、涙が出るぐらい社長に迫りました。

こんなこともありました。一九七一年の一一月、川本輝夫さんたちがチッソの社長と直接交渉できるように、東京駅前の本社を制圧したんです。夜になって女子社員が「デートがあるから」とかいって退社したいとキャーキャー言うので、占拠をつづけやすくするために女子社員を帰そうとしたら、東京の「告発する会」の女性が「女性差別だ」と言い出して、東京の人たちでは説得できないというんです。それで僕たちが行って、「これは水俣病患者さんのために会社を占拠して社長の島田さんを取り囲んで闘ってるんで、女性差別の解消運動をやってるわけじゃない。女子社員を帰すような闘いがいやだったらやめて下さって結構です」と言ったんです。結局、そのときは誰も帰りませんでしたけど。

それから三つめの原則、「分をわきまえる」。自分に与えられた仕事だけをきちんとやろう、そして自分の言ったことをきちんとやっていこうということで、すごく単純に役割分担しました。その意味で「告発する会」っていうのは、日本のいろんな運動の中でこんなにうまくいった例はほかにないいんじゃないかと僕は思うんです。

まずイデオローグ、この頭の部分には渡辺京二さんがいたんです。それから代表として話をするのは社会的信用がある高校の先生で人格者の本田啓吉さんです。もっと異質で優秀なスポークスマンとして石牟礼道子さんがいたわけです。デモの行動部分は、僕と、高校の五年後輩の島田真祐君とで担当して、それから熊本で「カリガリ」という喫茶店兼居酒屋をやっている松浦豊敏さんが、労働争議で工場の占拠闘争なんか経験豊富だったもんですから、この方が作戦を立てる。そしてチッソに突入するときは熊大などの学生さんたちがたくさんいたわけで、そういう人たちが偶然集まってきていた。ですからなんというか、人間の出会いというのは不思議なもんだなあと思います。

「水俣病を告発する会」の運動はいったい何の運動だったか、一言でいうと、渡辺京二さんの運動だったと言うしかないんです。そのころの京二さんは吉本隆明にひかれていました。京二さんは「我々は職業革命家ではなく、自立的な思想の行動者だ」と言っているんです。これは「告発する会」をやっているんだから、新潟水俣病もやろう、環境権問題もやろうというようなことはしないということです。だから僕はそのころ「告発する会」の運動以外、何の運動もやっていませんし、何かやるときも自分一人でやればいいことで、ほかの人を誘いたくないと思っていました。

京二さんの考え方の中でもっと凄かったのは、たまたま議論しているときに本田啓吉さんが「僕らはチッソに闘いを挑んだって、犯罪的なことはできないな」なんてことをおっしゃったんです。そしたら京二さんが怒って、「本田さん、何を言うのか。水俣でチッソがやった犯罪をみたら、我々は本当は火を点けても人を殺してもいいはずなんだ。それだけ凄いことをやったチッソと事を構えて喧嘩しようという人間が法律を犯すようなことはしたくないなんて、そんなことで勝てるわけがないじゃないか」と面と向かって言いましてね、僕はそのときのことを鮮烈に覚えているんです。放火でも何でもやる覚悟でやらないといけないんだ、そこまで踏み切らないといけないんだということが「告発する会」の運動をほかの運動とは違うものにしていったと思います。

そしてもう一つ、知っていただきたいことは、谷川健一さんが「〝水俣〟に比べたら、〝水俣病〟はずっと小さいんだ」と言われた。水俣は凄い土地で、公害とは別に、水俣という地域が持っている風土みたいなものを調べていただくといいんじゃないかと思います。石牟礼さんの作品にも水俣の風土が作り出してきた何かがあると思います。

それから、初めのころに石牟礼さんを患者さんのところに連れていった赤崎覚(あかさきかく)さんという市役所の方がいらっしゃったんですが、この人が焼酎飲んで絡んできて「松岡さん、あんた地獄の底まで付き合うだけの度胸があっとかい。おらあ水俣の患者とは地獄の底まで行くとばい」ってグジャグジャ言うんです。酒のみだけど、初めのころに患者の家をまわっていて水俣の闘いの原点ともいうべき人です。この人抜きには水俣の運動は成り立たなかったと思います。

川本輝夫さんが自主交渉を始めたのも渡辺栄蔵さんたちが裁判という形で訴えていたからですし、患者さんが訴えなければ僕らも裁判闘争には参加していない。誰かが始めてあそこまでいった、それが七〇年代前半の水俣病闘争でした。

一九七三年に僕が「もう運動をやめよう」と思ったのは、判決の後、チッソの東京本社に乗り込んだときです。言いにくい話ですけど、早くから地元で患者さんのお世話をしてきた市民会議の会長で、社会党の市議をしていた日吉フミコさんが、チッソの社長に土下座したわけです。「誓約書に判ついて患者と交渉して下さい」って。患者さんが当事者ですから僕らは横で眺めていたんですが、チッソを告発してきた者が「患者さんの言い分を聞いて下さい」と、なんで土下座して頼まなければいけないのかと思いました。一生懸命、三年、四年、それまであった日本の運動と違う闘いにしようと思ってやってきたことが、そういう形で終わるのかと空しい気持ちになってきました。

当時のチッソの交渉担当の久我という専務と喧嘩しているときに、僕は一言いったことがあるんです。久我さんが「じゃ、どうすればいいんだ」と言うから「患者さんの言うとおりにすればいいじゃないか」って言ったら、「そんなバカな」って言ったんです。これがチッソの本音、これが企業の論理なんですね。あのときに中途半端でやめたのが間違いだったのではないかと感じたのは、薬害エイズの問題が出たときです。僕たちがもっとうまく闘いをやって、日本の社会の中で人殺しをしたらきちんと償わないといけないんだ、行政がいい加減なことを言ってごまかしたんではダメなんだということを、もっときちんと明示しておけば、そして難しいけれども、チッソが本当に患者の立場に立てたら、薬害エイズのときに厚生省も被害者の立場に立てたと思うんだけど、そこまでできなかったということです。

一九九六年には「和解」という形で社会党（首班の政権）が幕引きをして、今はもうチッソ相手に喧嘩することもできない。あの「和解」には誰も反対しなかったわけですが、僕が本当に残念なのは、二十数年前に患者さんたちが身を挺して無念を晴らそうと思ってやったことが、「なんだ、もとの木阿弥じゃないか」と思いました。

たまたま、NHKを定年で辞める前に、それまでの自分の禁を解いて教育テレビで、原田正純さんと富樫貞夫さんが二人で対談をするというシリーズ番組を作って放送（一九九五年）したんです。そこでは当然、和解のことに触れられました。そうしたら全国連（水俣病被害者・弁護団全国連絡会議）という共産党系の団体から「患者のために和解しようとしてるのに、偏った報道をするとは何事か」と抗議されました。社会党の人たちも含めて、患者さんに良かれと思ってやってるんでしょうが、結局良くないんです。だから日本の左翼を支えてきた論理をどこかでやっつけない限り良くなりませんね。

物事を解決するっていうことは「処理する」ことじゃない。権利があるからというのじゃなくて、それより以前にやはり人間としてきちんとすべきことをしようということです。あまりそれを言うと、僕もモラリストじゃないから恥ずかしいところもあるんですけど。

僕も歳をとったけれども、もう一回チッソと命がけでやるような闘争が始まったら、亡霊のごとく、また京二さんや告発の人と一緒によみがえって参加するかもしれないし、しないかもしれないけれど、あの一九六九年から七三年のときは、少なくともそこまではやっていた。それが僕の水俣病闘争、「告発する会」の日々でした。

付――水俣病患者の最後の自主交渉を支持しチッソ水俣工場前に坐りこみを!!

水俣病患者補償問題をめぐる動きは、この数日来、にわかにするどい緊張をしめしている。厚生省は患者家庭互助会の大半を誘導して、第三者機関による仲裁依頼の確約書を提出させることに成功した。この確約書は「委員の人選は一任、出された結論には異議なく従う」という致命的条項をふくむものである。一方確約書提出をこばむ三十所帯は四月十三日、チッソ株式会社に交渉を申し入れ、二十二日までに回答がえられない場合は訴訟にふみきる覚悟をあきらかにした。それに対しチッソ入江専務は、チッソとしては国が仲裁の労をとる以上、すべてを国にまかせること、したがって政府の仲裁に応じない患者家族とは一切交渉の意志はないこと、裁判はいつでもうけて立つ用意のあることを、事前に明言している。

　昨年九月の政府による公害認定以来のすじ書きは、ここにまったくあきらかとなった。高度成長の収拾段階に入って「公害問題」解決をスケジュールにくみこまねばならなくなった今日、チッソには一定のワリをくわせて泣いてもらわねばならぬ。しかし、そのワリはチッソはもとより、化学工業界—巨大資本にとってあくまで「カスリ傷」にとどめる。その「カスリ傷」を代償として国家権力の威信をしめし、その威信をかけた仲裁に応じない患者家族は「身からでたサビ」として、問題解決のレールからしめだす、このすじがきはいまや完成の段階にあり、水俣在住の一女性の言葉をかりれば、まさに水俣病患者は二度目のなぶりごろしにあいつつあるのである。この状況の中で、あえて訴訟にふみきるという患者・家族の心情は、その孤立のせつなさによって、われわれの魂にある刻印をうたずにはおかない。

　すでに熊本県総評は水俣病患者救援の決議を採択し、裁判をつづける患者が一人でもいるかぎり、二十年かかろうと三十年かかろうと完全に裁判をバックすると揚言している。県評による公判闘争支援は事実、ある一定の動きに入る模様である。われわれは彼らの善戦を注視しなければならない。しかし、孤立する患者の志はこのような方向において救われるだろうか。

そう信じることは不可能である。なぜなら、いわゆる公害反対闘争の一環として公判闘争は、体制内の公正基準によって、保守派と進歩派との利害感覚のくいちがいを調整するという性格を、基本的にはこえることができないし、したがって水俣病問題の核心にふれることができないからである。

水俣病問題の核心とは何か。金もうけのために人を殺したものは、それ相応のつぐないをせねばならぬ、ただそれだけである。親兄弟を殺され、いたいけなむすこ・むすめを胎児性水俣病という業病につきおとされたものたちは、そのつぐないをカタキであるチッソ資本からはっきりとうけとらねば、この世は闇である。水俣病は、「私人」としての日本生活大衆、しかも底辺の漁民共同体に対してくわえられた、「私人」としての日本独占資本の暴行である。血債はかならず返済されねばならない。これは政府・司法機関が口を出す領域ではない。被害者である水俣病漁民自身が、チッソ資本とあいたいで堂々ととりたてるべき貸し金である。水俣病患者・家族がその方針としてきた自主交渉とは、まさにこの理念をあらわすものである。民主的と称するあらゆる組織はこの自主交渉を完全にバックして、チッソの口から債務を吐きださねばならないのである。

しかし、状況はきわまりつつある。自分たちの利害にまつわる闘争には日当を支給して組織動員を行なうくせに、水俣病の元凶であるチッソ資本に対し、傘下のメンバーに日当を支給してでも「抗議すわりこみ」をする既成組織は皆無という状況の中で、患者・家族は最後の自主交渉に入った。その志を座視することができるだろうか。熊本の地域住民にとって、水俣病は国家権力と巨大資本に対するもっともするどい闘争課題である。これをおいて、ベトナム反戦や七〇年問題をさけびたてることは、仮構の課題への思想的逃避ではないのか。たとえ実効をもとうがもつまいが、独力で最後の交渉に入った患者・家族を支援し、その志を黙殺するチッソ資本に抗議することは、一生活大衆としてのわれわれの当然の心情であるとともに、自立的な思想行動者としての責任であると信じる。われわれはその意志をもっとも単純な直接性において表現しようと考える。すなわち、われわれ、この文書の署名者ふたりは、

四月十七日午前十時より、チッソ水俣工場の正門前で、八時間の抗議すわりこみをおこなう。

この抗議すわりこみに共感されるかたがたは、どうか当日、われわれと肩をならべていただきたい。すわりこみは次のような原則のもとにおこなわれる。

一、すわりこみの趣旨は「会社の患者・家族に対する態度の暴慢さに抗議する」という一点にしぼる。これに賛成であれば、思想・信条のちがいは問わない。

一、すわりこみの責任は、この文書署名者がとる。参加者は住所・氏名をあきらかにする必要はない。

一、すわりこみの時間の長短は自由である。最後の十分間をともにして下さるだけでもよい。

一、次回すわりこみについては、当日参加者の相談によってきめる。

一、すわりこみは「熊本市住民有志」の名のもとに行われる。参加者は個人の資格を厳守したい。どんな組織の旗印ももちこみはおことわりする。

最後にこの提唱は、いかなる組織とも関係なく、まったくの個人によって行なわれるものであることをおことわりしておく。

（一九六九年四月十五日、熊本市健軍町一八二〇の二二、渡辺京二、小山和夫）

水俣の分断と重層する共同体

色川大吉

もうだいぶ時間が経ちましたけれども、社会科学者を中心として、不知火海の学術調査をやったことがございます。ちょうど水俣が暗い時代でした。第一次訴訟で熊本地方裁判所の勝訴を勝ち取って二年後の一九七五年一〇月に突然、熊本県警の指揮下一五〇人の警官隊が水俣に入ってきまして、患者二人と支援者二人を、手錠腰縄で縛りあげて、逮捕していくという事件が起きました。第一次訴訟で勝ってようやく水俣病が土地の理解を得られるかと思っていたなかでの事件でしたから、大変衝撃を受けたわけです。そこで、日高六郎さんたちの呼びかけで、東京からも私たち社会科学者何人かが背景の現地調査に行ったんです。私は水俣にはずっと前から行っていたんですけれども、このときに石牟礼道子さんから八幡プールで話を受けました。

八幡プールというのは水俣川が海に注ぐところにあるチッソ工場の廃棄物の埋立て地で、マンガンなんかで真っ黒になった、それも野球のグラウンドがいくつも造れるような広大な場所です。石牟礼さんはそこへ私を連れていって、今水俣は落ち込んでいると。患者も非常にひどいショックを受けているし、水俣の市民はそれ見たことかと言わんばかり。保守系のグループが巻き返しに出てきて、先に光が見えない、と。こういうときこそ社会科学的な調査を中心にして水俣に関心のある学者さんたちが大勢来て、派手に、長い時間かけてやっていただきたいと。それによって市民の関心を水俣病の原因に向かうようにしていただけないか、という説得を受けました。ちょうど私は五〇代に入って、学者としてはこれから一番いいところなんで、水俣に足を突っ込んだら大変だぞという警戒感もあったんですけれども、彼女に口説き落とされました。そのころ私によこした道子さんの長文の手紙も保存していますが(笑)。

そこで翌年の三月末に、一五人ほどで急きょ学術調査団を編成して水俣に入りました。私が団長をやって、鶴見和子さんという大変にぎやかな社会学者が副団長。そのほか、当時日本民俗学会の会長クラスだった桜井徳太郎さんとか、社会科学の方では東大社研の石田雄(いしだたけし)さんとか、経済の方はアジア経済研究所の小島麗逸(こじまれいいつ)さんとか、かなり知名度と業績のある人に参加していただきました。現地側からは熊本大学医学部の原田正純さん、二年後には石牟礼道子さんにも加わっていただいて、非常に大きなグループができたんです。一応の調査期間は五年間として報告書をまとめようと。それは『水俣の啓示——不知火海総合調査報告』という上下二冊で一〇〇〇ページ近い本になって、五年ではなく八年目に出版されたわけです

（色川大吉編、筑摩書房、一九八三年）。その後も生物学者の最首悟（さいしゅさとる）さんが代表をつとめて、第二次の調査団を組みましたので、私は結局、通算一〇年ぐらい水俣に通うことになりました。

今日（二〇〇三年四月二〇日）はそのときの体験をもとにして、水俣の問題を考えてみます。なぜ水俣で水俣病が起こったか。なぜああいう大環境汚染になったのか。そしてなぜ半世紀も解決できないのかと。もしこれが東京の周辺で起こったら解決はずっと早くなったろうし、違う形で展開したでしょう。それが水俣であったために非常に遅れた。これはなぜかと考えたのです。

もちろん医学的な問題がありますけれども。社会科学者としての関心からすれば、一つは水俣地域の共同体的な社会の仕組みに問題があります。患者の方々のお話を聞いていて一番深く心に残るのは差別ということです。地域で受けた差別がどんなに深い心の傷になっているか。これは金銭の問題や肉体的な苦痛よりももっともっと深刻な苦しみとして、心に傷が残り続けている。そういう差別を生み出すような風土に光を当ててみようと思いました。

八幡プールも、今は私どもが行ったときの状態ではなくて、芝のようなものが張られたりしてちょっと気付かないように変わっていますが、あの下には数十年間にわたってチッソが出した産業廃棄物が埋められているのです。それもマンガン系統の猛毒なものですが、その海際の野球場みたいに広いところから見上げますと、水俣というのは九州山地が海に向かってなだれるように落ち込んでいる傾斜地だとわかります。そのころ、私どもが東京から行くときにはカーフェリーで大分まで行って、車で九州山地を横切って水俣川の源流の方へ出て、それから山沿いに水俣へ下りてきましたが、そのときにもこんなに急斜面なのかと実感します。水俣は東側が九州山地で、西側に不知火海を抱えているわけです。北側は熊本の方角ですが、こちらもまた山で、三太郎峠という非常に険しい峠が三つあります。南側の方は鹿児島県との県境ですから、水俣は肥後熊本のぎりぎりのところ、一番はずれなんですね。江戸時代の肥後藩のときも一番南端のはずれ、薩摩藩との境にありました。つまり、水俣というのはある意味では別天地と言ってもいいぐらいです。北と東の方角は高い山で囲まれている。西は海で、南は異国(薩摩鹿児島)です。だから、それだけで自立して生きているミクロコスモスのようなところがあった。

江戸時代には自給自足的な経済文化圏をつくっていたようです。チッソが入ってきたのは明治の終わりのころですが、それ以前の水俣の産業は半農半漁プラス塩田です。不知火海の岸辺の大きな塩田で、塩をつくっていたんです。それから東側の山地から木材を伐(き)り出して輸出していた。たとえば筑豊炭鉱の中で使う、竪坑の支えとなる柱などは水俣湾から運ばれていった。そのほか薪、炭とか、それと山手の方の大口(鹿児島県)に金山がありますから、その金山での運搬設備の木材とかです。そういうことを水俣はやっていた。水俣には水俣川(本流)と湯の鶴川(支流)という二つの川があるんですけれども、川に沿って水俣の集落は発達していたのです。

なぜこんなことを申し上げるかというと、水俣は肥後の中でも陸の孤島であったために、非常に古い旧家が生き残っていた。一三世紀頃にはすでに豪家になっていた「深水家」という土豪がいました。一六世紀の頃、豊臣秀吉が島津征伐にやってくるのですが、そのとき秀吉の編制軍を迎えたのが深水長智で、これが当時、秀吉から認められて水俣城主になったりします。島津藩から攻め込んできた軍隊とたびたび交戦して撃退するようなかなりの男だったのですが、この小さな殿様の深水家はなんと戦国時代の乱世をくぐり抜けてずっと生き続けました。そして江戸時代には細川藩に鞍替えして、細川藩の代官のようなことをして生き残りました。明治維新でもひっくり返らず、そのころ生きていた深水頼寛と、その甥の深水頼資が、明治時代初代の村長になった。当時の水俣村は町村合併をして一万五〇〇〇ぐらいの人口を持つ、かなり大きな村でした。深水家はやがて町長にもなります。

そして近代になっても、その深水の殿様の親類縁者が代々、水俣の行政を牛耳るということが続いた。これは珍しいことです。ふつう戦国時代に潰れるか、あるいは江戸の初期に大名の国替のときどこかへ飛ばされるか、明治維新のときに潰される。ところが深水家はずっと土着していた。

ですから今でも水俣へ行ってその傾斜地をずっと下りていきますと、一番高くて見晴らしのいい、不知火海が一望できる日当たりのいい南西斜面に、深水家の居住跡があります。そこは昔「陣の内」なんて言われていた、いま陣内（じんない）と呼ばれる場所で、かつては水俣城と、この城を囲むようにして支配層の居住地域があった。今でも水俣には深水代官の屋敷跡が残されています。

チッソは、明治の末に水俣に来ると、旧勢力と妥協して深水代官の土地を買収してそこに工場長の邸宅を建てるんです。さらに陣内という水俣の古い支配階級が住んでいたところに大学卒の上級社員を住まわせる。まだ二十四、五歳ぐらいの、東大の工学部なんかを出た若僧ですが、庭付きの一戸建てを提供される。しかも女中付きで家賃は無料。そういう待遇を受けた。だから東大とか京大の工学部の上位クラスがチッソによく来たのは、破格の待遇を与えられていたからだと言われます。

さて、傾斜地をもう少し下っていきますと、水俣川と湯の鶴川という二つの川がYの字に交差するところがあります。そしてその両方の川が自然に造った埋立て地みたいなデルタに、昔「浜村」といった浜町があり、そこに徳富という名家があった。徳富一族が住んでいたのです。かつて「西の殿様」「東の殿様」と区別されていて、東の殿様は深水、西の殿様が徳富だった。ところが徳富の本家の方の長男が非常に女好きで、経済に暗い。人間は善良だけれども、ほとんど無能に近い男だったもんですから、没落して、徳富家は力を失っていく。土地をほとんど失ってしまいます。徳富蘇峰や徳富蘆花は子どものときからもう熊本へ出ていますから、水俣とはほとんど関係ないのですが、水俣の人は蘇峰のことをもう神様のように言います。「ソボさん、ソボさん」って言うからバアちゃんのことかと思ったら(笑)、蘇峰のことなんです。でも徳富蘇峰は子どものころちょっと水俣にいただけでほとんど熊本で育って義塾を開いて、やがて一〇代の終わりごろには東京に行ってしまう。それで国民新聞という新聞社をつくって成功するわけですね。

とにかく、徳富家の本家があったのが「浜」という砂洲で、有力な商人が集中していた商人町でした。そしてその先の方に漁村地帯があるんです。その漁村は、丸島、百間(ひゃっけん)、月浦、湯堂、茂道など、水俣病の歴史をたどると必ず出てくる地名ばかりです。海浜地帯には塩田もありました。明治の四〇年代ぐらいまでは塩をつくっていた。ところが明治四〇年（一九〇七年）になって明治政府が塩を国家の専売にしてしまいます。それで民間では塩田をやれなくなった。その土地を買収して工場を造る。明治四二年ごろ、チッソは塩田として使えなくなった土地が非常にたくさんできたところへ入り込んできた。しかし塩田地帯に工場を造ったために、いろいろ困ったことも起きたのです。もとは塩田で土地が低いですから、水俣川と湯の鶴川の氾濫のとき、いつも水浸しになってしまうんです。

丸島を中心とした漁業地帯は、貧しい人たちが住む地域でした。その丸島のさらに突端の方に、船津（ふなつ）というところがある。ここに一番下の階層が住んでいた。水俣はそういう身分序列社会だったのです。深水代官のいた江戸時代からそれがずっと続いていた。東の殿様、西の殿様と、その商人たちと、さらにその先で漁業や塩田をやっていた漁民と、さらにその突端に、差別を受けていた人びとという序列が非常にはっきりしていました。その区別意識は、私どもが調査に入った段階でもまだ続いていました。たとえば船津を徹底的に調べた花田俊雄さんというチッソの元社員の方がこんなことを言っています。「船津に入るときは少し身の縮むような思いをすることがあった。船津は蔑まれとった、一番下にあった。陣内あたりは銀主どん（金貸し）が多かったし、浜は商売人でそつがないし、水俣で順番をつければ陣内、浜、丸島、船津だ。でも、船津の下にもまだある。その下は人間以下に扱われた。江戸時代によく使われた差別語で呼ばれよった」と。石牟礼道子さんの作品（『苦海浄土』）の中に「とんとん村」というのが出てきますが、その地域です。猫を殺して皮を剝いで太鼓、つづみを作る。夜になるとその猫の皮を張ってとんとん叩いている音が聞こえるので「とんとん村」。そこには死人を焼く焼き場があり、精神病院もある。そして「ハンセン病」の患者さんたちも現れるというので人があまり近づかないところだったそうです。

船津はそれよりちょっと上に見られていましたけれども、船津、丸島、それと並んで月浦、湯堂、茂道というような、海べりの漁村地帯に水俣病の患者が激発したんです。そしてどういうことになるかというと、水俣の長い間の感覚からすれば「あいつらはなるべくしてなったんだ」と言うわけです。「下賤な、卑しい連中」という言葉が出てくる。そうかと思うと「あいつらみんな流れ者だ」と。水俣病は発生当初の昭和三〇年代は奇病と言われていました。昭和四〇年代になってもまだ奇病という言葉は使われていましたけれども。

奇病、つまり不思議な病気。「奇病っちゃあ漁師もんが多かったい」「奇病になるのは漁師もんだ」「だいたい漁師ちいえばなぐれ（流れ）で、よそ者じゃろうが」「湯堂、茂道、月浦、丸島、船津、みんな貧乏人の、なぐれの漁師風情でしょうが」「あっだども(あいつら)は弱った魚をどしこ(たくさん)食べて奇病になりよった、これは事実じゃ」と。

一〇年間ぐらい私は水俣に通いましたが、こうした言葉をどれだけ耳にしたかわからない。それを物わかりの悪い人が言うんじゃないんです。小学校、中学校の校長先生をやったような人までがそう言うんです。これには驚きましたね。そのころすでに水俣病はテレビでも報道されていて、少なくともそれがチッソ工場の流す有機水銀による神経系統の病気であることはわかるはずなのに。ところが、いやしくも校長先生ぐらいの人が、情報を押さえていながら、片方では「ああ、やっぱりなるべくしてなった病気じゃろ」と。「だから先生方、あんまり近づかん方がよか」というようなことを言ってくる。こういった地域差別が長い江戸時代を通して培われていた。

江戸時代は身分社会ですから、下の階層の者を差別しながら、一番上の権力者が民衆全体、百姓全体を統治するという身分差別の統治組織でした。もちろん、明治維新でそれがひっくり返って、本来なら天皇の下の平等な国民と扱われるのが当たり前なんですけれども、そうはいかなかった。これは水俣だけではありません。ちょっとした山間地帯に行くとそういう意識は根深く残っています。それをチッソは利用した。日本の代表的な、指折りの化学産業であり、トップクラスの大学、帝大出の工学士を社員に雇うような近代資本が、水俣に来ると、その身分差別の序列の共同体を逆手にとり、非常に上手に利用して工員を支配し、人事管理したんです。つまり水俣病の差別は、辺境の一部のミクロコスモスみたいなところ、独立世界の中で維持されてきて、しかも近代資本によっても壊されなかった。普通、近代資本はそれを壊してゆくのです。効率化の邪魔ですし、有力な人材を生み出しませんから。古い体制を壊して新しい資本主義をつくっていくのが普通の資本の論理なんです。けれども、チッソはその古さを逆に利用した。工場長は深水の殿様のいたところに屋敷を持つ。実際はそこに住んでおらず、八代の方に行ってお妾さんなんかを置いていたようですが。高級社員には「陣内社宅」という陣内町の社宅。一戸建てで、みんな庭付きで無料。

一方、工員はどこに住んでいたかというと、工員でも職長のような役付き工員の連中は浜にいた。浜町の一角に工員住宅があります。工員アパートも後で造られるようになりますが、そこはうんと狭い。しかも有料で、かなり家賃が高い。それから一般の、もっと下の労働者はというと、これは日給制の工員です。月給は払わない。一日来なければそれで終わり。だからだいたい労働者のうちの八〇パーセントの工員は日給で、ボーナスはないわけです。それなのに社宅に住むような正式社員はボーナスが非常に多い。

当時チッソは第一次大戦で急成長期に入り、非常に稼いだわけです。特に第一次大戦後、満州事変以降になると陸軍と密着してますます資本を蓄積していった。やがて朝鮮に進出して、いまの北朝鮮にある興南(フンナム)というところにチッソ興南工場を造る。これは労働者だけでも数万人を数える東洋一の大工場でした。かれらは陸軍と密着して、植民地の利権を使って、タダ同様の労賃で朝鮮人をこき使いながら利潤を絞り上げる。電源は鴨緑江(おうりょくこう)にダムを造って発電したから非常に安く手に入る。しかも土地は、そこにいた住民を軍の力を借りて追い出すように獲得する。そうしてチッソ、当時の日本窒素肥料(日窒)は、植民地搾取を徹底的にやって急速に拡大し、戦時中の新興財閥に数えられるようになった。そういう体質を持った企業なんです。ですから、資本の合理性とか効率性を追って地域をだんだん近代化・民主化しながら発展していくのではなくて、利用できるものは何でも利用するというやり方です。

それに対して水俣は抵抗しなかったのかというと、在地の資本家や有力者の中には抵抗する人もいたんです。しかし、その人たちは実に哀れな最期を遂げます。深水家はやはり途中で無能な後継ぎが出てだんだん力を失い、土地をチッソにどんどん買い取られてしまう。深水家自体は残っていますが、ほとんど力を失ってしまう。すると、水俣と合併した「久木(くぎ)

野」という山村の大地主が深水と名乗るんです。水俣の人に言わせると「ニセ深水」です（笑）。とにかくニセでも何でも深水と名乗った大地主が陣内に下りてくる。水俣城址のすぐそばへ。今「深水」というとこの家系で、今でも勢力を持っています。熊本へ自分の縁者を送り出して、テレビ熊本などを押さえて熊本財界の有力者です。それを初期の頃は、久木野から来た深水の力でやった。深水吉毅というなかなかのやり手がいて、第一の有力者にのし上がってきたわけです。

水俣の歴代の町村長は全部陣内で決めていましたから「陣内内閣」と言われていたんですが、その最後の町長であり、やがて県会議員になり、そして戦争中には衆議院議員にもなる深水吉毅がチッソとうまく呼吸を合わせて、チッソの要望を聞きながら公共事業費を使い、チッソのための地盤整備に莫大な投資をしながら、同時に自分もごっそりと儲けた。土地を提供するときには、あらかじめこれを提供しようと思った土地を安く買い溜めておいてチッソに高く売る。これは今の自民党の諸君がよくやっていることですが、そういうことで莫大な利益を得る。このようにニセ深水は水俣でチッソと競争するような事業は起こさないで、熊本に投資して熊本で大きな勢力をつくるようなやり方をしたんです。ニセ深水って言ったら怒られますけれども。事情をよく知る市民は両者を区別して、昔からいた深水を「会所の深水」と呼んでいます。会所というのはみんなが集まる場所、代官の会所です。こちらの家は一三世紀ごろから七〇〇年ぐらいずっと続いていた。そして没落した。一方、山の方から下りてきた非常にあこぎな金貸しみたいな地主は、伊蔵（いぐら）深水といって、ニセ深水です。今はニセ深水の時代なんです。

チッソはその後、ニセ深水とうまく協定を結びながら新しい土地を獲得して、いわゆる「新工場」を造る。チッソの工場は旧工場から新工場へ移り、面積は一〇倍ぐらい大きくなる。そして競争相手になる大きな他の会社をつくらせませんから、水俣はほとんどチッソの独占体制、私の表現で言えば、「深水城下町」になったんです。それをチッソが明治四一年に入ってきて「チッソ城下町」に大改造するんです。洪水のときには、まず工場が水浸しになる。なぜかというと、材木を山の方でどんどん伐るから。伐って坑木（こうぼく）として筑豊に輸出する。あとに植林してもすぐには生えませんから山が裸になる。そのうえ、急斜面ですから雨が激流になって水俣の中に入ってくる。だから徳富家なんかいつも水没するんです。見るとわかりますが、徳富家の家は水没しないように二メートルぐらいの石組みの土台の上に建っています。もちろんこれは公害の結果なんですけれども。ではチッソが水浸しになるのを防ぐためにどうしたかというと、「水俣川を付け替えてしまえ」と。チッソの工場の脇に流れていた川をずっと南の方の、農村地帯の方へ付け替えてしまう。二股になって分かれて水が流れているから「水俣」という地名だったんです。『古事記』よりもう少し後の記録『六国史』に出てくるくらい、二つの川の股になっていることで有名だった。それなのに股(俣)を取って、合流させて一本の川にしてしまった。そのため船津なんかの地形が変わってしまいました。そういうことを昭和七年(一九三二年)から五年ぐらいの間にやったんです。このために莫大な公共事業費が費やされた。チッソが自分で金を出すわけじゃないんです。公共事業をやらせて、いろんな補助金を投入して町を造り変えてしまう。新しくできた造成地はチッソが社宅を造ったり、工員住宅を造ったり、あるいは新工場や関連工場を造ったりしてずっと占有していった。しかも水俣川の水利権はチッソが独占するという協約を自治体と結んでしまう。

チッソはまた当時、発電所を造ります。川の上に発電所を造り、火力発電所も造って電気を水俣市民に売りますが、そうするとエネルギーの方もチッソの独占になる。そして労働者には、だいたい小学校卒業の連中を安い工員として雇う。中学校はつくらせない。戦前、水俣に中学校はありませんでした、なぜかというと中学校を出ると生意気になって批判するようになるから困るんで、そういうのはよそに行ってくれということで水俣には小学校しかなかった。だから石牟礼さんも中学校、当時の高等女学校は出てないんです。水俣実務学校（現・水俣高等学校）に行っていた。そこでみんな徳富家のように名家は子弟を熊本へ送り込む。

水俣から出た知識人で、谷川健一、谷川雁（たにがわがん）、谷川道雄という有名な秀才の兄弟がいますが、熊本の第五高等学校や浪速高等学校から東京大学などへ入っている。水俣に学校がないからです。そういう精神的な管理、エネルギーの支配、水利権の独占をチッソはした。土地は一番いいところを三分の二ぐらい取っていますし、そのうえ自分だけが使う専用港を造って、工場で全部囲い込んでしまう。しかもそれだけじゃ足りないといって、港が非常に奥深く入り込んでいる百間というところに、国際貿易港を国に造らせる。実際の工事は県がやるんですが、国際貿易港ですから税関が置かれ、そこからチッソは製品を海外に輸出したり、あるいは原料を輸入したりできる。そしてかなり大きい船が陸付けできる施設を造った。チッソがそういうふうに公共費を使いながら、地域の差別支配を自分の企業のために利用したというところに、この共同体の持っている、ほかの地域とは違うドロドロしたものがあったわけです。

不幸なことに昭和三〇年代に水俣病が発生した際、それはほとんど漁村地帯からでした。船津でももちろん発生しますが、船津から何人患者が出たかはなかなかわからない。患者はずっと座敷牢に閉じ込められていたというのですから。どうして座敷牢に閉じ込めておくかというと、あの漁村で患者が出たということになると、そこの魚が売れなくなってしまう。漁民は生活の道を絶たれてしまう。だから一生懸命、患者を隠す。水俣では隠し切れなくなっても、海岸線に沿って北の方の津奈木(つなぎ)、芦北などの漁村では、患者が発生してもそこの漁業協同組合がそれを抑えて封じ込めてしまう。一九七三年の熊本地裁での判決で患者側が勝訴して、チッソが謝罪をするという段階になって初めて公然化した。だからその時点から患者としての名乗りを上げた人がたくさんいるわけです。

それまでの間、患者さんは地域の差別を受けながら、行政からもチッソからの救済もなく、沈黙を強いられるという時期があったんです。歴史を調べてみますと、こういった特殊事情が根っこにありまして、これを克服することが市民運動の非常に大きな課題だった。ところがこれが一番難しい。その地域の意識を変えるというのは難しいことなんです。そこでチッソと水俣病患者の闘いは主にどこでやられたかというと、東京でやったんです。もちろん、チッソ工場の前で座り込みなんかもやりますけれども、座り込みやっても会社そのものは微動だにしない。第一、チッソ労働組合自身が一時、会社を守る側に立っていたわけですから。

チッソに一番激しくまず抵抗したのは、生活の道を絶たれた漁民です。水俣の漁業協同組合には早くから買収工作が入っていて、暴動を起こす段階まで行かずに抑えられていたから、その買収工作を受けない周辺の不知火海漁協の漁民三〇〇〇人が水俣湾に押しかけてきて、そのうち二〇〇〇人がチッソ工場に乱入して工場内の建物一三棟をめちゃめちゃに壊してしまう。西田栄一という工場長がこのとき傷を受けて血だらけになった写真が残っています。それで済んでまだよかった。あれが西田だとわかったらみんなで殺してたかなって漁民が言っていましたから。そういうふうに周りの漁民が怒ってなだれ込んだ。破壊した。後にも先にも大衆暴動はこれ一回きり。大暴動が起こったんです(一九五九年の、いわゆる「漁民暴動」です)。

もちろん熊本県警の機動隊が来て弾圧するわけですが、そのときに「チッソを守れ」「おるが工場を守れ」「水俣の生活はチッソにかかってるんだから。おるが街を守れ」「おるがメシ茶碗を叩き落とすな」というようなことで、数千人の市民集会が開かれた。そこにはあらゆる階層の市民が参加していたといいます。チッソ労働組合という一番有力な団体。そして地区労働組合。それから公務員の労働組合。それからいわゆる経財界です。商工会議所とか商店会とか参加して、みんなで「チッソを守れ」の大合唱です。そしてチッソ工場を破壊するようなやつは水俣の敵であると。患者まで敵視してしまうわけです。これも昭和三四年、一九五九年のできごとです。

さすがに大暴動が起こったものですから衆議院から調査団が来ました。確かにチッソは何か毒物を海に流していると、こいつはいかんと国会で問題になったのです。そこでチッソは、工場排水の中の水銀を途中でフィルターかけて取り除く、防除施設のようなものを造る。サイクレーターと称するものを造って市民をなだめようとしたんです。実際、一〇〇万円だか二〇〇万円だかチッソにしてみると本当にわずかな金ですが、それでサイクレーターを造って見せる。そして、社長の吉岡喜一が報道関係者を集めて「これが新しく出てきた排水の水です」なんてコップの水を飲んでみせる。後でそれは水道水だったとわかったんですけど。そういうことをして一九六〇年に「問題は解決しました」と。「もう有機水銀は出ません。完全にこのフィルターで除去した。水俣病は終わった」と。学者もそれに賛成し「水俣病は終わった」。行政も「これで水俣は平和な街に戻る」と。もちろん通産省などもみんな「それは結構な話だ」ということで水俣病の終息宣言が出される。

それから裁判を起こすまで実に九年間かかっています。よく「沈黙の一〇年」とか「沈黙の八年」なんて言われるのはこれなんです。その間、患者が一番ひどい目にあった。日本社会で差別語として使われていた「チョーセン」だとか、ありとあらゆることを言われる。それから、腐った魚ばかり食うからああいうことになるんだ、もともとあいつらは流れ者で、よそから来た連中だから水俣の邪魔だ、と言われる。確かに一九五七、八年頃の水俣のGDPを見ますと、全体の枠のうち漁民が占めているのは〇・九パーセントにすぎない。だから水俣の漁民が全部死んでも水俣の経済はびくともしない。「俺たちには関係なか」と。「あいつらのおかげで暗いイメージを植え付けられ、それで水俣は衰えるんだ」というような意識がその沈黙の八年の間につくられるんです。それをはね飛ばしていくのが水俣病患者の捨て身の闘いですね。本当に捨て身の闘い。あれだけ非難囂々(ごうごう)の中でチッソの有罪を訴えて、最後に勝利まで勝ち取っていったのですから大変な闘いだったと思います。

もしあの裁判がなかったら水俣病の差別構造の中での窒息状態は打開されなかったんではないかと思います。もちろん、これは問題を単純化して、共同体に絞って申し上げており、実際にはいろんな問題が複雑に絡んでいて一筋縄でいくものではありませんが。水俣病裁判の最終段階での決戦は、どこでやったかというと、先ほども言いましたが東京でやったんです。患者たちが大挙上京しまして、丸の内にあるチッソ本社の前で座り込みをやって一年半、自主交渉闘争組は患者の川本輝夫さんを先頭にして、本当に体を鉄格子にぶつけながら抵抗する。一時金に加えて年金を支給せよという要求を出して闘うわけです。一年半ほとんど水俣を離れて東京でやった。裁判の結果は全面勝訴。会社側の全面敗訴。それで賠償金さらに年金も払うということになった。

しかし、これは裁判だけの成果ではない。自主闘争という、裁判をやらないで社長に直にぶつかってって要求する抵抗闘争をやって、ようやく獲得されたんです。そのことを映画監督の土本典昭さんが『水俣一揆——一生を問う人びと』(一九七三年)という映画で克明に撮っています。それを見ると患者の追及はギョッとするほどすごいですよ。チッソの社長がしまいに卒倒しちゃうぐらい。そうしたエネルギーでようやく突破したわけです。ところが、突破して帰ってきたらどうですか。迎えたのは水俣の一般市民の冷ややかな態度でした。おるが(企業城下町の)「殿様」に矢を向けて、それどころかチッソを潰そうとしている。しかもどしこどん(たくさん)金を取りやがったと。一人あたりの賠償金は一六〇〇万から一八〇〇万で、当時、大卒の初任給が良くて一〇万円程度の時代ですから、水俣の人にしてみれば目の玉が飛び出るような金額です。それをチッソからもぎ取った。だから、結局「俺たちはチッソと一緒に暮らしているのに、俺たちのメシ茶碗を叩き落とすようなものだ」というような発想になるわけです。嫌がらせ、差別、嫉妬、恨みがまだまだある。裁判で会社の犯罪だということが明らかになったにもかかわらず、そうなんです。主戦場東京では理解された。熊本でもまあ理解者がある。でも水俣へ帰ってくると患者は家に閉じこもって、なるべく人目に付かないようにする。そこへもってきて県の警官隊が百何十人も入り込んできて、抵抗した患者を後ろ手に縛り、手錠をはめて連れていったものですからますます悪くなっていく。そういうようなドラマがあったわけです。

もちろんその後、長い長い闘いがあります。それから二〇年も三〇年も闘い続けてようやく今日、行政側と患者側が少し和解してお互いに縒りを戻そうという入り口に差し掛かっている。しかし、患者のこのトラウマといいますか、深くついた心の傷は、昨日今日始まった行政の取り組みで、簡単に治せるものではないのです。非常に理解のある吉井正澄(任期一九九四〜二〇〇二年)という市長が出てきて、今までの態度を一八〇度転回させ、患者と市民、患者と行政が一体化するような、和解の方向に転換させるんですけれども、それまでの行政サイドのやり方によって患者一人一人の心に刻まれた傷痕というのは、容易に癒えるものではありません。癒えるためにはまだまだ長い時間がかかるし、市民自身が反省しなければ駄目なんです。意識のうえで水俣病の解決を一番阻害したのは水俣市民だともいえるのです。熊本の人はまだ理解があった。東京の人は遠くの世界にいますから一般論として理解してくれる。水俣の人がなかなか理解しようとしない。

だって私たちが調査団を組んで一〇年もやって、その調査の報告を皆さんにお返ししたいから集会の後援をしてくれませんかと言って水俣市の教育委員会に申し込んだら拒否されたんです。会場も貸してくれない。そんなこと言われちゃ困る。それから土本さんがたくさん水俣病の克明な映画をつくった。世界的にも評価された有名な作品です。それなのに水俣では上映できない。なんですか、これ。水俣では最近までこういう対立・分断がずっと続いていたのです。つまり水俣病の解決を最大限遅らせたのは水俣市と市民であって、住民の中にあるそういった歴史的、伝統的なゆがんだ共同体意識。その共同体が実は瓦解しているにもかかわらず、それが差別の意識として残り続けたことを、チッソと行政がうまく利用したという構造の中に問題の本質があったのです。この問題、水俣病の本当の原因を取り除かないと、本当の解決にはなかなか行かないのではないかと私は思います。

先ほど申しましたように結局は決戦場で、実力で突破してきたという闘いが水俣病の問題を、その局面局面で打破してきたと思います。穏やかにテーブルを囲んだ話し合いなんかでは解決がつかなかった、まさに捨て身の闘いがあったということです。そのことを申し上げて、今回の講演会全体のテーマ「分断と交感を生むもの」についての私の話の結びにしたいと思います。

どうもありがとうございました。

石牟礼道子

形見の声

方々からお越しいただいていると思いますけれど、どうも拙い話になりはしないか心配でございますが、今日はありがとうございます。

「形見の声」という題をつけましたけれども、私、今の時代に生まれ合わせて水俣のことを体験しつつあるわけですけれど、そこから日本の近代ということを考えますのに、どうも良くない方向に行っているように思われて仕方がないのでございます。水俣のことに限りませんが、私ども近代人であることを免れません。田舎の方におりまして、水俣病が起きなければ私のおりますところも辺境ですね、水俣病で地名が知られてしまいましたが。辺境のほうから考えますと、都市社会——政治的な意味だけでなく中央があるわけですけれど——私どもの考え方の中にも生態系というものがあるなあと思いまして、この、好ましくない状況になったのはなぜだろうと思うにつけても、では、どこから近代人の感受性の内側に立って考えて、今の世界を見ればいいか。何より私どもの感受性の生態系がずたずたになっているのではないか、と思われてなりません。自分のまなこの鱗をはぐべく、まず、川の源流に行ってみようと思いまして、ここ二〇年ばかり時々川の源流に行っております。

川の源流といいましても、まあ熊本県内でございます。目や足が弱いものですから、方々へは行けません。とりあえず、一番手近な熊本市内を流れています緑川、この川と、日本三大急流といわれている球磨（くま）川の源流です。

それからもうひとつ、熊本県のほうにちょっとかかっている九州山地、九州の屋根みたいな、そこは宮崎県、大分県の境でもあるのですが、椎葉村（しいばそん）という村があって、柳田國男さんがお入りになって、「後狩詞記（のちのかりことばのき）」という民俗誌を書いておられますが、その辺りの村へ行くんですね。そこから耳川という川が流れていて、その川は、宮崎県の太平洋へ流れ出しています。そこら辺りへ、時々行って深い印象を受けて帰ります。そこは猪がよく獲れる村で、峨々たる山々が屹立していて、山々の頂がその肉質を深い谷底に削ぎ落としてしまったような、本当に人を近づけないような山々が重なっております。その辺りの人たちは「私どもの山国には谷が九万もあります」と、おっしゃいます。

九万もの谷が山々の間にあるというおっしゃり方は、私にとって非常に衝撃でございまして、行ってみますと谷が四つも五つも重なったその先が一軒隣ということで、猪や鹿が盛んに出没している。そういう獣たちと山の方々は、ともに住んでおられて、獣たちは山の神様でもあるのですね。狩猟は大変発達しているんですが、狩ったら神様にして拝まれますのは、アイヌの人たちが熊をお迎えして、いただいて、送りやることとちょっと似ているところがございますけれど、街の方と暮らし方も考え方もやはり違うようでございます。

近接するもうひとつの源流をずーっと下って行きますと、熊本市に入ります。もうひとつの球磨川の川口は八代ですけど、これは、私どもの不知火海にも流れ入っているわけですね。で、その途中のあちこちに、谷が九万もあるというのです。九万ある谷は瀬でもありまして、その瀬に全部名前が付いておりまして、「神瀬」と書いて「こうのせ」といいますが、神瀬があるかと思うと、「貝瀬（かいのせ）」――川にも、にな貝に似た貝がいますが、そういう貝がいっぱいいるんでしょうか、そういう名前の瀬があります。それから、「虫瀬（むしのせ）」というのがあります。どうして虫と付けたんだろうと思いますが、名前を付けた最初の人の驚きといいますか、思わずそう付けた。言葉が言霊であった時代の息づかいが聞こえてくるような命名の仕方、そういうふうに瀬に名前が付いてずーっと下流まで行くわけですね。じつにこまやかな思い入れが込められて。

私たち近代人の衰えた感性ではなかなかとらえきれませんが、そんな考え方をする生身の人がいたわけでして、川に沿って行き来して、その周辺に住み着いた人たち、住み着いて海のほうまで来ている人たちがいました。びっくりしましたのは、耳川の上流のほうに行きましたら、天草から来た隠れキリシタンの子孫がそこに住んでお神楽を舞ったりしているんです。もちろん、球磨川の一番上流のところから水俣へいらした方、私の親類などにも球磨川の上流出の人がおりますが。

それで、水のあるところを伝って行き来する人間だけでなく、行き来するものたちの生存の感覚、感受性の在り方、そういうものに文学をやるやらないにかかわらず考えさせられています。その人たちを支えて共通しておりますのは、何でも祈りの対象にされるんですね。激しく水をかんでいる岩などがありますと、水の勢いに耐えている岩の力とか、そこに何かがせめぎ合っている、言葉にはいえないような情景が出てきますと、必ず拝まれます。川辺も山も祈りに満ちているのですね。

下流の海辺はご承知のように、惨憺たる情景になっておりますけれども、甦りの兆しもないではございません。甦りを願うにも、やはり患者さんたちは祈られます。それはとても切実で、神様と一体――仏様といってもいいのですが――八百万の神と、あるいは仏たちとともにおられる姿に見えます。

人間苦や業苦は昔からございましたが、ことにこの水俣病を意識し始めてから、患者さんたちは、自分たちが苦しむときには神様も一緒に苦しんでおられるに違いないと思っておられて、自分が苦しいからといって、あまりに過大なお願いをしてはいけないと、どうも考えておられます。

それで、どう言ったらいいんでしょうか、近代的な市民運動を心がけている人たちの中には、どうも患者さんたちは遅れた、進歩ということを知らない、そういう人たちではないかと考えて、啓蒙しようとする人たちもいるんですね。ひょっとして、人権意識が患者さんたちは足りないのではないか、これをお教えして、人権を重んじて権利闘争をしなきゃいけないと思う人もいます。患者さんたちはそういうことを百もご承知で失礼ではないかと私思うのですが、市民主義の人たちは、自分が進歩していると思っている人たちは、前近代とも見える患者さんたちの心の世界、非常に深い祈りの世界がある中にいまひとつ入ってゆかれない。患者さんたちは、それなりに礼を尽くしておられ、何とも形容し難いような謙虚なお気持ちがあって、言語感覚の違う人たちに、ご自分の深い胸のうちを申しあげるのをはばかるといいますか、無理にお願いして私たちを理解してくださいとは決しておっしゃらない。いつか気付いてくださるのを待っていらっしゃる。でも、痛切に待っておられるわけでもなくて、どう言ったらいいんでしょうか、人間だけでなく、犬、猫や、いろいろな人間以外の生き物とも一緒に暮らしておられて、お互いに生きたいように生きていることで、全体が調和するとでも思っておられるのでしょうか。あまりご自分たちの胸の底をおっしゃいません。

例えば、みなさまご存じの方もいらっしゃいますでしょうけど、田上義春(たのうえよしはる)さんという方が何年か前に東京での集会にいらして、お話ししてくださいましたが——今はお話ができになりませんけれど——この方からたびたびうかがっていたお話ですが、裏山によく猪が遊びに来まして、義春さんという人は狩りも大好きで、その猪たちやカラスや犬や猫や、家族の続きが山にいっぱいいるというような気持ちで、猪などと接していらして、親の猪も来ますが、子どもの猪も時に義春さんのお家の裏庭に入ってまいります。猪の子どもはとってもかわいくてひょろ長い瓜のような柄(がら)が付いていますから。「瓜坊」といいますね。その瓜坊が遊びに来て、猫や犬たちと仲良しになったりしますから、義春さんは、「よしよし、もうちょっと餌づけして大きくなってから獲ろうか」と思っておられるんですけど、義春さんが奥さんと畑に行かれますと、ころころとその瓜坊が後をついてゆくんですね、猫も犬もついてくる。

「こら、お前ども、畑を踏みくやすな」などと言って、義春さんは特別なでてかわいがるわけではありませんけど、そうやって山小場の仕事というのは、焼き畑農業の百姓たちがある時期までやっていた、山付きの畑仕事の暮らし方だろうと思います。川の源流に上ってみて、今もある山小場を眺めてことのほかそう思います。山の獣たちとともに棲み分けているというべきか、あるいはお互い行ったり来たりして生きる圏内を広げている、そういう生き方だと思うんですけれど。

私の家にも猫がおりますから、「猫の子をもらってくださいますか」とお願いすると、連れていかれるんですが、猫の子、ちょうどかわいい盛りで、蝶々が地上すれすれに、草の間をひらひら、ひらひらと飛ぶ。それに子猫が戯れかかって飛びつく姿はとてもかわいらしいですよね。

「おたくから来た猫は今かわいか盛り。見に来んですか」とおっしゃって。もう少し大きくなってから行きましたけれど、行きましたら、奥さんが、

「今ちょうどおらんとばい。彼女ができて薩摩のほうまで行っとりゃせんかなあ」とおっしゃいます。すぐ横にちっちゃな谷川があってそこが熊本県と薩摩との境の川なんですね。神の川という名で。そこを越えれば薩摩の国なんです。

「もう、一週間ばっかり帰って来んが、今度はきっと薩摩に彼女のできたつじゃろう」とおっしゃって。

「あら、薩摩までも行きますか」と言うと、

「彼女がおれば、もうどこまででん行くとなあ。帰って来るときには、丸々太って帰ってくっと。薩摩の人たちは人間の良かつでしょうな。きっとあっちこっちでご馳走になって、それで丸々太って帰ってくるけん。あっちこっちにきっと、子どもやら孫やらうーんとおりますばい」と、おっしゃるのがとても自然というか。

そうやって、人と犬猫との関係は、ちょっとペットとは違う。家族でしょうけれど、人間の家族ともまたちょっと違う。何ともいえない絶妙な感じで、聞いていてうっとりするんです。そんなふうに、あの辺りの人たちは、生きてこられたと思うんです。

球磨川の源流からちょっと下ったところで発見したんですけれども、下ったところにダムができていまして、もう四〇年くらい前にダム反対の声があったそうですけれど、それも小さくて潰されて、ダムがとうとうできてしまったんです。そのダムを私、見たんです。ダムに沈んだ村を。ダムの底になった村というのを。沈んだ村を二〇年くらい前に見たんですけれど、水の底に小学校も沈んでいるし、お宮も沈んでいるし、もちろん、家々なども建物はなく礎石が見えてました。そして山々の斜面になっているところでは、木々がまだ葉っぱを

つけたまま、水底に立っているんです。それを見ましたとき、本当に木々の声、水底に沈んでいる木々たちの声を聞いたような気が私はいたしました。とうとうそれで『天湖』（毎日新聞社、一九九七年）という小説を書きましたんですが、フィクションで沈んだ村を呼び出したんですね。ずーっとその木々から呼ばれていて、書き上げるまで――今でも聞こえますけれど――呼び出したというか、水の底から呼び出されたんですけれど、木々の声が聞こえる。市房（いちふさ）ダムというダムでございます。もちろん沈んだ村のことはひと通り聞きましたけれど、物語はフィクションで書きました。川辺川というすぐ近くの川が、またダムになりかかっているみたいですけれど、どうなりますことやら。

　前にそこに住んでいた人たちにお目に掛かったときに、お墓も沈んでいますから、「沈んだ村にお帰りになりたくないですか」と、お尋ねしてみましたら、もう帰りたがって、「夢に見るのはあの里のことばっかり」と、口々におっしゃいました。もう非常に哀切な声音で、夢に見るのはあの村の景色や小川のことばっかり、あのお宮の石段で遊んだことばっかり、沈んだ家のことばっかりじゃと泣きそうにおっしゃる。夢の中では沈んだ村にいるとおっしゃいます。沈んだ村から呼ばれておられるんだと思うのですが。

　水俣の患者さんがご自分たちのことをおっしゃいますときに、苦しかったことはあまりお話しになりませんお聞きすればおっしゃいますが、思い出すだに胸が痛むでしょうから、それでなくとも胸もお体も疼いているわけですから、お聞きするのも辛いですけれど。幸いなことに、といおうか、おっしゃってくださることは何か美しい、今となってはこの世のことではないような、なくなってしまったような美しい景色のこととか、ひと口話であっても、昔の一番良かった時代を思い出すような、そういうことをよくおっしゃいます。

支援をする人たちが被害の実態みたいなものを、それも後世のためには必要でございますから、お聞きしに行くと話してはくださいますけれど、そのほかは自発的に話されることといえば、例えば、湯堂という村がございます。ちょっとした入江になっていて、海の潮の中に清水が盛り上がって湧いているような岬のふところの、大変のどかに貝がたくさん岩の間に詰まっていて——私も海辺で育ちましたから貝や岩を見ただけで胸がときめくような——そういう磯辺の村でございます。

その辺りに患者さんのおうちがたくさんあって、お庭に大きな桜があった家がありまして、桜が開くころには海のほうから見ると花明かりがしていたそうでございます。天草のほうから沖を通る船は必ず、あそこの湯堂の奥には花明かりがするぞと言って、花に呼び寄せられて漕ぎ入れて、そこのおうちの桜の下を行ったり来たりして、ただもう夢見心地で、そこら

辺りで水をもらって、

「今日は水俣の湯堂でよか花見てきた」と言いあって、特別にお花見をするわけでもないんですけれど、それを言い伝えにして天草の方々は花明かりに呼ばれて桜の下に来て、花を仰いで帰られる。そういう大きな大きな桜の木があったんだそうでございます。

そのおうちの人たちが水俣病になられまして——たいがい家の人全部なられたと思うんですが——娘さんが、一番最初に発病され、三〇歳にならないで亡くなられましたけれど、坂本きよ子さん、まだ奇病といわれていた時代でございますが、その方がもう寝たきりになって、劇症でございましたから、手足がねじれ、ひもをねじり合わせたような姿になって、寝ておられる。口もよくきけない。その方のことを調べた熊本大学の学術論文、私読みましたが、ベッドの上に寝かせておくと、背中でぎりぎり回られる。私自分でやってみました。畳の上で、手足を挙げて背中でぎりぎり回る。できませんね。手足を挙げてぎりぎりと背中だけで回れるか。よほどひどい痙攣が来ていたんだろうと思います。それで落っこちますから、ベッドに縛りつけておいたと書いてございました。

桜のころになって、そのお母さんが——お母さんも患者さんですけれども、もうおばあちゃんですが——ご用があって外に出て帰ってみると、その娘さんが、そんなふうな状態で寝ておられたのにどうやって庭に降りたのか、土の庭でございますよね。昔のことですから。土の庭に「すべくり降りて」と、お母さんはおっしゃいましたが、すべくり降りて、しきりに地面を、かなわぬ指でなでておられる。

「まあ、きよ子、きよ子。あんた、どぎゃんやって庭に降りたか」と、言って抱き上げようとして、転げ落ちたかと最初は思われ、よく見るとしきりに何か地面をなぞって、指も反り返っているのに、その指で地面をなぞっておられる。

「あなー、あなー」と、おっしゃる。花と言えない。桜の花びら拾おうとして、片手は地面をなぞるけれど、

「きよ子の曲がった指ですけん、拾われまっせん。ねじりつけてなあ、花もかわいそうに。ねじれて花も擦り切れて、なあ、きよ子が指でねじるもんですけん」。

寝ている床から桜の花が咲いたのが見える。どうやって「すべくり降りた」のか、さんさんと降る花びらの下で病人さんが、体のねじれている娘さんが、花びらの載っていない泥のついた手のひらをお母さんに見せて、「花びら拾いたい」と言っている。

「「母さんが拾うてやるけん、そらそらよかよか、お前はもうはよう上がれ」と言って、かかえ上げて寝かして、「今から花びら、拾うてくるけんね」と言うて、拾うてやりましたけ

れども、その年、死にましたです」と、おっしゃいました。

「ああいう体になって、口もきけんでおっても、花の咲いたっはわかってなあ。春になると思われてなりません。娘がいなくなってから何年かして、また、きよ子の魂の来て、花見よるかもしれん。思えば切のうして、いつも線香をあげよりました」。

そう言われましたが、とうとう想いが残ろうと思って桜の木を切ってしまわれたそうで。

「切ってしもうてから思いましたけど、ああ、しまった。切らずにおきゃあよかった。きよ子の桜でもあったけれども、沖ば通る船人さんたち、漁師を含めて船で仕事をする人のことを古い方々はそうおっしゃいますが、その人たちも楽しみにして、「花明かりになって桜の灯っておる湯堂というところは美しかところぞ」と、湯堂も、うちの桜のおかげで褒められて。よか花じゃったのに。まあ、哀しさのあまり切ってしもうて、これはえらい惜しいことした」。

そう言って嘆かれますけど。

桜といえば、村を灯し出すようなそういう花で、今は桜が咲き始めると、テレビで桜前線が北上したなどといって、その下でみなさんが賑やかに行ったり来たりしますけれど、もっとひめやかで、もっと何かこの、人の心をも灯し出すような花明かりが、海に茫と映えているような、それを海の向こうの人たちも呼び寄せられてきて、「ああ、今年も桜が咲いたか。春は今が盛りじゃなあ」と、口には出さないけれどもそのように思って、先ほど猫などの話をいたしましたが、草や木と人間との間柄というのは、お互いに生きていくのになくてはならない相手でございました。地球環境に優しいとか生態学的にこうだとか言いますと、何だか大ざっぱに聞こえますが、そうではなくて、そういうことを言わなくても非常に深い絆がお互いにこの世界の中には濃密にあったわけです。

そこで魂というのは、東京では死語になってあまり使わないということを耳にしまして、「ああ、もう東京では生きているうちから魂は死んだのか」と、私思うんですね。坂本きよ子さんのお母さんの言葉ではありませんけど、やはり魂というのは死んだ人との間だけでなく生きている間柄でも目には見えませんが命の明かりなんです。

水俣で魂のことを言い交わすときには、「あすこの子は魂の深かばい」とよその子を褒めたり、「このごろは魂の入れ代わってよか子になった」とか、それから何か悪いことをしたりすると、みんな嘆いて「あらー、悪か神様の魂ばおっ取らいたばい」と嘆きます。「あいつは悪い奴だ」というふうにはめったに言わない。「あらまたどうしてだろうか。魂が脱け出したに違いないから、はよう取り戻しにいかにゃ」というふうに言うわけです。

ですから桜の魂というのは、村の花明かりとなって遠いところの人をも呼び寄せる。えも言えぬ夢心地の中に誘い込むような、そういう役目をするのが花の魂。少しとぼけたような人のことを、これも少し嘆きを込めて、「ああ、あの人の魂はまだ夢の中じゃろ」とか、ちょっと笑ったりするんですね。

私の母もそうでしたけど、畑に行きますとき、草にものを言いながら畑に行くんです。百姓をしてますと、畑の草取りといいますのは毎日行かないと、二、三日のうちにたちまち大きくなってしまいますから、病気か何かしてしばらく行かないと、草がどーんと大きくなっているときなんか、道を歩きながら、「あらあら、お前たち、いつの間にか大きゅうなったね」と、だれに言うでもなしに、草にものを言っているんです。草の生長にもいろいろ気に掛けていて、草は畑の仇ではないんです。草も生きる場所を欲しいだろうというような思いを込めて草にものを言って、引っこ抜くわけですけれど。

三年前(一九九六年)、水俣・東京展をしてくださいましたときに、緒方正人さんという人が舟を仕立てて東京にお礼に行く、自分たちの気持ちを東京の方に申し上げに行ってくるんだ、といわれて出発することになりました。村の方々は、「おう、正人が舟で東京へ行くち。

そらあ、おおごとじゃ。俺たちの魂も乗せていってもらお」と思われました。廃船寸前のおんぼろ舟でございましたから、一緒に乗っていきたいけれど、乗っちゃあ行かれん。それならば魂の言付けをしたいというお気持ちになられて、それを口にして、たくさんの方々が百間港まで舟で見送りに来られました。正人さんの村はＪＲだと水俣から二駅くらい熊本寄りでございますけど、舟のほうが直線で来られますから近い。舟で大漁旗を立てて、やっぱり患者さんは違いますね、思いが深いのです。一艘の舟に三本ばかり極彩色の大漁旗を立てて、ぼろ舟の「日月丸(にちげつまる)」が出発するとき来られて、「私たちも乗っていこうごたるけど、乗っていけばただでさえ沈没しそうな舟じゃから、魂なりと連れていってくれ」と言って、その魂は亡くなった方々の魂もですけれども、生きているご自分たちの魂も乗せていってくれというふうにおっしゃられて、正人さんの舟を見送られたわけです。

裁判とか座り込みとか、もう何十年、患者さんたちも東京に来ることを覚えられて、列車や飛行機で来られるんですけれども、正人が舟で行くなら魂なりと言付けようと。列車に乗って行くときには、なぜか言付けないのです。それで私、はーっと気付いたんですが、舟だから言付けるという。胸を打たれましたけど。飛行機で行く人にも、言付けない。危なさからいえば、そのぼろ舟のほうが危ないのですが……。それはなぜか、読み解かなくてはと私、思いました。読み解かなくてもいいけど、「そういうもんだ。そういうふうになさるんだ」と、思いました。

正人さんのその「日月丸」は、たくさんの人たちの魂をお乗せして東京湾に着いたんです。丁重に迎えてくださる方々がいらっしゃって、泣きたいような「出魂儀」をしてくださいました。舟が着いたから魂を降ろして、その魂の出で立ちをしなくてはいけない。より良き世界に向かって初々しい魂が東京の地に立つように、そういう儀式をしてくださいました。本当に美しい夜で、それまで雨が降っていたのがぱっと晴れて、お月様が本当に美しかったこと。ちょうどそのお月様の真ん中を雁でしょうか——この会場にそのとき参加してくださった方がいてくださると思いますけど——何か夢のような、魂が飛び立っていくのにとてもふさわしいような情景で、身震いが出たとおっしゃる方もおられて。ひょっとして新しい世紀が生まれそうな月明かりの夜に思えました。杉本栄子さんご夫妻が感動されて、「やっぱりこういう方々がいてくださって、魂たちを連れてきてよかった」と言って泣かれましたけど。

そういう感動的なことがございました。最初、東京の方には魂はもうないんだそうだと耳にして、たいそう嘆かれましたけれど、それで元気づきました。東京の方の中にはそれでお考えになって、「じゃあ、私たちは死ねばゴミになるんだろうか」と、おっしゃった方がいらっしゃいます。それでまた教えられましてね。死ねば「灰になる」と普通言いますが、灰という場合はゴミとちょっと違いますよね。どう違うか、ご一緒に考えたいと思います。

また、違う患者（隅本栄一）さんのお話でございますが、今、八〇歳になられます。この方は若いとき、近衛兵――皇居を守る兵隊ですね。戦前、ひとつの町、ひとつの郡から一人ぐらいしか通らないような厳しい検査で、体格も良くなくてはいけない、人格も高潔で学力もないといけない、普通の兵隊検査よりずーっと厳しい検査に通った方がおられまして、その方は水俣病になっておられるわけですが、もう八〇歳です。その方がよく話されます。この前亡くなった川本輝夫さん、それからみなさんご存じの方もおられると思いますが、浜元二徳さん、お姉さんのフミヨさん、第一次訴訟派の患者さんの中堅というか、もう長老というべきか、患者さんの団体をまとめておられる方々の小さいときを知っておられます。

その方は終戦になって帰ってきて何をしようかと思っているとき、水俣の海辺に親類がいたから遊びに行かれた。

「水俣の海にはうじゃうじゃ魚がおったですよ。ちょっと山の上から見ると、背中をこう出して泳いで戯れて、もううじゃうじゃおった。それでびっくりして、どうして水俣の漁師たちはあんなにたくさんおるのを獲らんじゃろうか。よう考えてみたが、いっぺん行ってその日食べる分だけあればいいと思うているらしい。欲のなかちゅうか、それならよその人間だけど、自分もいただいてよかろうかと思うて、新しい網を考えた。

　海岸線がありますでしょう。リアス式海岸といいますか、入江が幾つもあります。川口もそうですけど、沖にうじゃうじゃいる魚が潮が満ちるとぞろーっとその入江に遊びにくる。穴ぼこになった入江に大きな魚たちも遊びにくる。潮が引く前に入江の口に網を張ると、潮が引くとき魚が残る。そういう網を考えて、わしが考えたち言えば偉い発明をしたごたるけど、原理は簡単なこったいな。それも水俣の漁師たちはせんとじゃもん。じつに欲のなか。もうどっさり獲りました。

　坪谷（つぼだん）という入江があるんですけど、そういう漁をしていると、大変目立つことがあった。子どもたちが嬉々として朝早くでも、夕方遅くでも網の手伝いや親の手伝いに来とる。それが今思うには川本輝夫さんの小さいときだったり、浜元二徳姉弟だったりして、子どもも嬉々として、とても楽しそうに近所のおじさんやおばさんと入り交じって仕事をしている。感心な村じゃった。感心な子たちじゃった」と、繰り返し話されます。

「よか村じゃったばい、あそこは、あそこ辺りは」。

親御さんにはご自分が獲った魚をたくさん食べさせて、発病されて、特にお父さんが酷くて。やっぱり縛りつけてですね、ベッドに。あるときは、外に暴れ出られるものですから、布団で簀巻きのようにして、ベッドに縛りつけていた。裸になって胸を掻きむしって、着物を着ているのも苦しいから、胸を開けて一糸もまとわない姿で外に狂い出られますから、出ていかないように外から戸に釘を打ちつけて、家の人たちもそこに息ひそめておられたそうです。いくらお医者さんにかかってもわからない時代ですから。

「そうやって親を死なせました。そして挙げ句の果てに自分もなりました。親孝行して喜ばせたつもりが、そんなふうにして親を死なせましたから、せめて供養を年忌、年忌にやりたいと思いますが、ちょうど年忌の年が来るころには自分も入院したりして状態が悪くて年忌どころでなくて、できなかったから、今度五〇年忌まで生きているとよかですけど」とおっしゃいます。今、水俣の海辺の村々に顔を出されると、そこで生き残っている人たちがみんな言うんだそうです。「まあー隅本さん、あーたは死なしたとばかり思うとった。あれだけ魚をたくさん獲って食べて、ようまあ生きとんなはったなあ」と、村の人たちがおっしゃるそうです。「よう生きとったなあ」と。

それで、五年前（一九九四年）、緒方さん、田上さんを中心に「本願の会」というのをつくられました。人間が生きてきた意味、水俣がこの世に提起した意味を考えようと、自分たちがそれを全部背負って、世の中が忘れる分、自分たちが全部ひきとって考えていくつもりだと話しておられます。それはやっぱり人間のつながり、魂のつながりをあらためて考え直したいということなんです。いずれは死ぬんですけれど、魂でなりとつながりを深め確かめて、たとえ一人になってもその標し（しる）を後の世に残しておきたいと。そのことを考えた標しに地蔵様を彫ろうと決められました。もう三〇体くらいできました。とてもいい顔をしたお地蔵様です。

今申し上げました隅本栄一さんが、「わしも入れてください。わしも親の五〇年忌まで生きているかどうかわかりません。自分で地蔵様は彫れないから、せめてわしの代わりに彫ってくれる人を見つけてもらって、その石の代わりを差し上げます」と言ってこられました。この五月にその方もお連れして——外に出られることがとても困難で特に寒い時期はいけません。下半身が何の感覚もあられません——それで出来上がったお地蔵様をお目に掛けに、みんなで連れてこようと言っていますけれど。

「本願の会」は非常にささやかな会で、続けてもう五年くらいになります。これは、ちっとも勇ましくなくて、いわゆる敵と思う人たちとぶつかり合う場面はございません。それでなくとも人に見えないところで日夜お一人でそれぞれ凄絶な苦悩と闘っておられますが、本当にそういう体で、水俣の闘いと申しましても、幾色にも幾層にも重なり合っているわけですが、とても自立した精神の人たちばかりで、生活も私なんかよりずっと合理的に、生活する力が逞しくて、よく考えられますから頭が下がるばかりです。

今、チッソが潰れるかもしれないと水俣ではしきりにいわれています。この不況の時代にひょっとしたら潰れるかもしれないんですね。どうなるかわかりませんけど。今が潰れ時じゃあないかと思ってもみたり。補償金を払わなくてよくなります。先行きどうなるか、ちゃんと見張らなくてはなりません。

大変気になるのは、関西訴訟の人たちが殿戦（しんがりせん）を闘っておられます。水俣周辺出身の人たちですけど、関西におられますから、夢に見る故郷も遠くなって、さぞ心細かろうと思います。私もなかなか行けなくて陰ながら何かしたいと思っているんですけれど。みなさまにもここでお願いしますけれど、関西訴訟の人たちは後に残った人たちの代表で、さぞしんどかろう。せめて夢見なりともよければいいと思っております。

そういう患者さんたちの、「桜の花を切らなきゃよかった。あれはきよ子の花で、花にも魂があったろうに」と、おっしゃるようなそういう声音、近代社会ではもうあまり灯らなくなった日本庶民の心の花明かりを私は思います。そういう心の声を、聴かないできた近代日本の耳の衰弱が気にかかってなりません。

それは、本当に少数の——水俣だけではありませんけど——日本にはまだそういう深い心は残っていると思います。この近代化がどこに行き着くのか、それを考え直す手掛かりとしたいと思いまして、私の書きます作品は、だいたいそういうことを目指して書いているつもりでございます。

どうも今日は遠いところ、長時間ありがとうございました。お疲れでございましたでしょう。

解説にかえて

実川悠太

一九八〇年代中頃までだろうか、ちょっとした商店街には必ず古本屋があって、書棚にはその店なりの分類の木札が立っていた。そこには「日本文学」や「映画・演劇」「建築・土木」などと並んで「天皇・女性・水俣」とか、「部落・水俣・三里塚」などというのも見かけたものだ。それは必ず「水俣」なのであって、「新潟」や「四日市」であったことはない。また、福島第一原発がメルトダウンした後、ネットやSNSでは「水俣」が飛び交ったというが、それは「広島」でも「公害」でもなかった。「水俣」はこのような位置にある。

確かに不知火海水俣病事件の被害実態はまことに甚大で、最近では、何らかの健康被害をこうむった人々は五〇万〜一〇〇万人にのぼるという推計さえ現われている。大変な規模である。しかし、事実が存在することと不特定多数の認識が形成されることは、けっしてイコールではない。しかもその事実や認識を、それが今までにはなかった一定の方向を指し示す「言葉」にまで至らしめるためには、気が遠くなるほどの仕事を要する。事実を覆い隠す部厚い世間の底で窒息しかけていた患者、被害民の声を様々な方法で聞き取り、表現し、社会化しなければならない。「水俣」には幸いにもそのような仕事を為した先達の蓄積があった。そして本書で語っている方々こそ、まさにその先達である。

水俣フォーラムの事務所には、見ず知らずの方が「水俣」を学ぶことを目的に訪れる。こんな世の中でも捨てたものではないといつも思わせてくれるのだが、それは、小学校から大学までの教師であったり、メディア関係者、市民サークル、卒論をかかえた学生、退職した読書家であったりする。こういう人々は、各々の問題意識から関心の所在が異なり、興味の対象も絞られているのだが、時として混乱、錯誤を含むことも少なくない。しかし、水俣病事件は公式確認からでも六〇年に及ぶし、様々な分野で様々なアプローチが試みられてきた。その結果として、関係書籍だけでも四九八冊(詳細は水俣フォーラム『水俣病図書目録』二〇一七年)を数えるのだから、入門者、初学者が戸惑うのは無理からぬことだ。このようなときは、まず水俣病事件の全体像の概要を、その事実と言説の両面で理解することが必要である。しかし、ここでいつも困ってしまう。適切な本がないのだ。

そんなことを考えていたとき、「水俣病公式確認六〇年記念特別講演会」のポスターを見かけた方から連絡をいただいた。本書の担当編集者奈倉龍祐さんである。東京大学の安田講堂で三日連続開催したこの講演会の企画と講師に魅せられて、書籍にしたいという。お会いして、これまで水俣フォーラムが毎年開催してきた「水俣病記念講演会」の全プログラムを見せると、全部出版したいとまでいう。これまでも記念講演会を本にしたいという出版社の申し入れがなかったわけではない。しかし、手掛ける以上、読み継がれるものにしなければならないし、それだけの手間を割ける状況にもなかった。十数年前だったたか、石牟礼道子さんがつぶやいた言葉が耳に焼きついていたこともある。「水俣の本は出すぎました。私の本も。いい本だけ、何分の一でいい」と。

記念講演会の開催日は、通常毎年一日だけだから、全国に散らばる水俣フォーラムの会員会友から「今年も行けなかった」と言われたり、書籍化を望む声も重なっていた。

「水俣病記念講演会」は、水俣フォーラムの前身である水俣・東京展実行委員会が、水俣病四〇年を迎えた一九九六年四月二九日（初の水俣展「水俣・東京展」開催五か月前）、有楽町朝日ホールで開いて以後は、水俣フォーラムに改組中だった一九九七〜九八年と、東日本大震災の二〇一一年を除いて毎年開催をつづけてきたから、蓄積された講演記録は九〇本に迫っていた。これをベースに、先のニーズに応える本を作ることを決めた。それがこの『水俣から』および姉妹編の『水俣へ』である。どちらから先に読んでいただいてもいいのだが、強いて言えば上巻にあたる本書は、現在多くの人に受けとられるような「水俣」を作ってきた人々の講演、それこそ患者・被害民の実状を見、声を聞き取り、表現した方による講演を集めた。もちろん「水俣から」である以上、当事者である患者の講演から始めたいが、本書同様、水俣フォーラムと岩波書店によって二〇〇〇年に出版した『証言　水俣病』（岩波新書）が知られているので、今回はこれに収録した方のお話を除いて重複を避けた。

浜元二徳さんは、「奇病」と呼ばれた一九五〇年代に始まり、裁判と自主交渉で水俣病患者の闘いが全国の耳目を集めた七〇年代をへて、地域社会の融和と低額補償が主流となってしまった今世紀に至るまでを、自身の体験として語り得る大切な最後の何人かのうちの一人である。重症化による移動の困難から水俣フォーラム主催の演壇に立たれたことはないが、「水俣・おおさか展」の準備に取り組んでいた労働組合などの招きを受けて、一九九九年に私と二人で、各々、水俣病を語ったことがあった。ただ、その録音の所在は不明だった。そこで、地元水俣で、市役所が一般市民に水俣病患者の話を聞かせるために初めて開いた「市民講座」で、初めて患者として語ったという記念すべき機会の記録をもとに、私が原稿化して入院先で本人に読み聞かせて確認した。次第に真顔になられて「よくできとる」と涙されたのが忘れられない。

吉永理巳子さんは、水俣市立水俣病資料館の語り部として、また水俣フォーラムの様々な催しの講師として、精力的に活動している。このような方が九〇年代になって、しかも一冊の本を読んだことによって水俣病に対する姿勢を一八〇度変えて、ご自身とご家族の水俣病を語り始めたことは、当時、水俣病の風化を危惧していた私たちにとって大きな希望だった。この後、水俣の水源地区への産業廃棄物処分場建設計画に市民をあげて取り組んで事業者を計画中止に追い込んだときも、また水銀ヘドロ浚渫後のチッソ排水溝の泥土からダイオキシンが検出されて汚染泥土の浚渫はするものの無害化処理しないことが判明したときも、最初に声を上げて仲間を募った数人のうちの一人が吉永さんであったことが示唆するものは大きい。

石牟礼道子さんがいなければ、水俣病は単なる公害で終わっていただろうと言う人は少なくない。『苦海浄土』の美しさ、おもしろさ、悲しさは私たちの心の深いところを揺さぶる。そのすごさは、読んだ人なら誰でも認めるところだろう。その草稿に始まって、今年二月一〇日、亡くなる半月前に掲載された最後の原稿(『朝日新聞』一月三一日「魂の秘境から 七 明け方の夢」)に至るまで、六〇年間にわたって水俣病について書きつづけ、そのすべてが水準以上の作品であったことは余人の成せるものではないだろう。また、『水俣から』『水俣へ』に収載した講師の大半が水俣病に付き合うきっかけを作ったのは石牟礼さんである。であればこそ、石牟礼ファンにとっては著名な詞章を二冊それぞれの巻頭にいただいた。

原田正純さんが胎児性水俣病の存在を証明したことの一事をもってしても並の医学者の比ではないだろう。しかし、そんなことは原田さんにとっては、どうでもいいことだった。原田さんは常に一人の医者であろうとした。今から三〇年ほど前、患者側弁護団事務局をしていた私は、行政の不作為を訴える「待たせ賃訴訟」に関連して意見をうかがうため、その日は熊大の研究室ではなく原田さんが外来患者を診ていた熊本精神病院(現・くまもと青明病院)を訪ねた。原田さんを待つ間にトイレの個室を利用して目に入った壁の落書きは、「原田先生」への感謝の言葉だった。驚いて他の個室も見てまわると、別の所にも異なる筆跡で原田さんへの同旨の落書きがあった。なんということだろう。外来用トイレの個室の壁を、原田さんも看護師も見たことがなかった。水俣病患者にだけの「味方」だったわけではないことは、後に出版される炭塵爆発による一酸化炭素中毒についての著書でも明らかだった。

宇井純さんのお話を初めて聞いたのは、東京大学の中で、ご自身が主宰していた「自主講座・公害原論」だった。当時は大教室の外にいつも人があふれ、私のような高校生もそれほど珍しくなかった。商業ジャーナリズムにも頻繁に登場して時代の寵児のようでもあったが、そんな人々と異なるのは、話が具体的でイデオロギーにとらわれるのを嫌うのに、企業と行政には遠慮しなかったことだ。宇井さんがいなければ「公害」という言葉が一般化することはなかったのではないだろうか。その宇井さんが、早くもその当時、「水俣病を公害と言うことが疑問になってきました。はっきり企業犯罪と言った方がいいのではないか」と述べていたのは忘れられない。その宇井さん自身にとっての原点も水俣病だった。

土本典昭さんの一連の「水俣」作品は七〇年代、小川紳介の「三里塚」シリーズと並んで、戦後、世界のドキュメンタリー映画を代表する作品として海外の映画人からも称えられた。しかし、土本さんにとっての「水俣」が単なる記録映画素材の域を脱していたことは、一年間に及ぶ水俣病患者遺影集めをやりとげる前から明らかだった。土本さんは「僕の話より映画を見てもらうのが一番」

と言って、水俣病についてのまとまった講演をしていなかった。本書の原稿は、土本さんの水俣作品の部分上映を挟みながら、私が聞き手となって話していただいたものをもとに、土本さんの発言のみを私がつなぎ、生前ご確認いただいたうえで活字にしたものがあったが、さらに今回は、字数の制限により割愛したディテールをすべて復活させた。

丸山定巳さんの研究室は、水俣病研究会が集めた資料で埋め尽くされていた。その中から、あるときは川本輝夫さんの刑事裁判や待たせ賃訴訟の書証とするため、あるときは水俣病関連書籍などへの掲載や事実確認のため、何度急送をお願いしたことか。その都度、二つ返事でお引き受けいただいた。無理をお願いしていたのは、私だけではなかったはずだ。丸山さんのような目立たない献身の集積があるからこそ「水俣」の地平は少しずつ切り開かれていった。研究者としての丸山さんが問いつづけた水俣病事件にとっての地域社会は、なくならない患者差別の観点でも、また患者認定基準を改めない行政施策を許しつづける淵源としても、これからも見過ごしてはならない。

富樫貞夫さんが中心となった水俣病研究会が一年でまとめた『水俣病にたいする企業の責任——チッソの不法行為』は、一九七〇年の刊行後、不法行為法研究者の間でも著名な書籍になったが、富樫さんのもともとの専門は民法の不法行為法ではなく、民事訴訟法の訴権論である。つまり、この方にとって「専門外」などという言い訳はないのである。必要があれば学んで考え、考えては学ぶ。法律学者としての専門的知見をふまえながら、その領域に留まることを拒否する姿勢があればこそ、数多くの水俣病裁判の判例批評は読みごたえがあった。私は水俣病関連訴訟の事務局として、富樫さんに何度か意見をうかがいに訪ねた。毎回の指摘はつらくもあったが、公訴棄却判決を引き出した後藤孝典弁護士と、富樫さんがいなければ、水俣病事件からこれほど多くの判例が生まれることはなかった。

松岡洋之助さんの名前を初めて聞いたころ、私にとっての松岡さんは「熊本(告発)のカッコいい恐そうな大人」だった。収載した講演でも、自分を完璧に論破した渡辺京二さんを称えるが、あれだけきれいに論破を認めて行動に移すいさぎよさがこの国の社会運動家たちにもう少しあれば、六〇年代末から七〇年代初頭にかけて訪れた〝政治の季節〟の結末はまったく異なったものになっていたのではないだろうか。当時の「告発する会」にはそんな大人が少なからずいた。逆に言えばそういう人々を引きつけたのが「水俣」であったとも言えよう。渡辺さんや松岡さんの運動からの身の引き方は長い間、私のあこがれだったと白状しておく。

色川大吉さんを団長とする不知火海総合学術調査団が水俣に通い始めた一九七六年は、『展望』や『朝日ジャーナル』も元気で、論壇にはスターがたくさんいた。そんな言論人たちの中でも、最もユニークかつ先鋭的だった人々が「水俣」に取り組み始めたのは、それだけでニュースだった。

調査団は春と夏に各々一週間前後に及ぶ合同現地調査を数年つづけながら、毎月東京で研究会を開いて、各々がつかんだ事実を交換し、解釈をめぐって議論を闘わせた。その会への参加を許された私は、それまでの自分が、いかに「患者支援」という観点からしか水俣を見ていなかったかを思い知らされたものだった。

本書の講師たちはすべて、自らの専門や職業を超えて「水俣から」の声を聞くべく努めた人であり、私が直に教えを請うた師とも言うべき人々となった。こういう人々の講演の蓄積が水俣フォーラムになければ、本書は成らなかった。毎回の講演会の企画と講師依頼は私の仕事だが、常に事務所をともに支えてくれる多くのボランティア、会員の方々の存在があってのことである。なかでも本書のデザインを夫妻で手掛けてくれたアートディレクターの市川敏明さんと、水俣フォーラム発足以来、私とともに専任としてかかわる服部直明、この二人の本読みがいてこそのラインアップである。日頃、口にする機会のない気持ちを記しておきたい。また、本書編集にあたって初めて文字化した宇井講演は島岡とよ子、丸山講演は郡山リエ、色川講演は貞重太郎の手による。三人とも水俣フォーラムを日常的に支えるボランティアであり会員である。本書の表紙を飾るにふさわしい中澤安奈さんの木彫作品と出会えたのもスタッフ一同の喜びである。

水俣の人々を襲った出来事は、今でも過去にならない。そこに映し出されるのが、現在と未来の私たちである限り。

初出一覧

石牟礼道子「まぼろしのえにし」「まなざしだけでも患者さんに」
……第一三回水俣病記念講演会（JR九州ホール（福岡）、二〇一三年四月二一日、テーマ「花を奉る」）講演。演題は「生死のあわいにあれば」。その後『水俣フォーラムNEWS』第三七号（二〇一三年一一月）に掲載。「まぼろしのえにし」は『苦海浄土』第三部「天の魚」のために書かれた序詩で、講演の最後に読み上げられた。

浜元二徳「私たち一家を襲った恐ろしい公害病」
……第一回水俣病を語る市民講座（水俣市公民館、一九九三年七月三一日）講演。水俣市が初めて開催した患者講演会だった。演題は「わたしと水俣病」。その後『水俣病を語る市民講座報告書　平成五年度──来て、聞いて、語ってみませんか』（水俣市・環境創造みなまた実行委員会、一九九四年三月）に掲載。本書では一部整理して収録した。

吉永理巳子「亡き人びとの声を伝えたい」
……水俣病公式確認六〇年記念特別講演会（東京大学安田講堂、二〇一六年五月四日、テーマ「地の低きところを這う虫に逢えるなり」）講演。演題は「亡き人に耳を傾けて──六一年前の父の発病から」。その後『水俣フォーラムNEWS』第三九号（二〇一六年一一月）に掲載。

原田正純「水俣病は人類の宝」
……第八回水俣病記念講演会（道新ホール（札幌）、二〇〇七年五月一九日、テーマ「生命へのまなざしを問われて」）講演。演題は「水俣病五〇年から学ぶもの」。その後『水俣フォーラムNEWS』第三二号（二〇〇八年三月）に掲載。

宇井純「世界の公害、日本の水俣病」
……第三回水俣病記念講演会（有楽町朝日ホール、二〇〇一年四月二一日、テーマ「この日本に生まれて」）講演。

土本典昭「私の水俣映画遍歴三七年」
……水俣・東京展二〇〇〇ホールプログラム（東京都写真美術館、二〇〇〇年八月五日）。『水俣フォーラムNEWS』第一四号（二〇〇一年四月）に掲載。本書では新たに整理し直し収録した。「付」として『公明新聞』一九九六年五月一二日(日曜版)の記事「水俣病犠牲者の遺影を訪ねて——私の水俣病・その四十年」を、副題を省き、一部表記を改めて併録した。

丸山定巳「水俣病と地域社会」
……第一四回水俣病記念講演会(有楽町朝日ホール、二〇一四年五月六日、テーマ「ともに生きていく」)講演。

富樫貞夫「水俣病事件は解明されたのか」
……第九回水俣病記念講演会(有楽町朝日ホール、二〇〇八年四月二九日、テーマ「目を開き、耳をすまして」)講演。演題は「水俣病事件を通して見えるもの」。その後『水俣フォーラムNEWS』第三三号(二〇〇九年三月)に掲載。

松岡洋之助「「水俣病を告発する会」の日々」
……第二五回水俣セミナー(環境パートナーシップオフィス(青山)、二〇〇〇年五月一六日)講演。『水俣フォーラムNEWS』第一三号(二〇〇一年一月)に掲載。「付」として渡辺京二・小山和夫による一九六九年四月一五日のビラ「水俣病患者の最後の自主交渉を支持しチッソ水俣工場前に坐りこみを!!」を併録した。

色川大吉「水俣の分断と重層する共同体」
……第五回水俣病記念講演会(有楽町朝日ホール、二〇〇三年四月二〇日、テーマ「分断と交感を生むもの」)講演。

石牟礼道子「形見の声」
……第一回水俣病記念講演会(有楽町朝日ホール、一九九九年四月二九日、テーマ「私たちは何を失ったのか、どこへ行くのか」)講演。その後『水俣フォーラムNEWS』第七号(一九九九年六月)に掲載。

丸山定巳(まるやま さだみ)
地域社会学者．1940 年熊本県八代市に生まれる．京都大学大学院修了後，熊本大学講師となり，69 年の「水俣病研究会」発足に参加，水俣市をはじめ不知火海沿岸住民の現地調査に継続的に取り組む．熊本大学教授，熊本学園大学教授を歴任．89 年市立水俣病資料館設立検討委員会委員長，環境省水俣病問題に係る懇談会委員も務めた．2014 年逝去．

富樫貞夫(とがし さだお)
法学者．1934 年山形県に生まれる．熊本大学名誉教授．69 年，水俣病裁判の理論的支援のため，丸山定巳，原田正純らと「水俣病研究会」を発足，代表となる．同研究会の主な編書に，『水俣病事件資料集 1926-1968』(全 2 巻)がある．志學館大学教授，熊本学園大学教授を歴任．「水俣病センター相思社」理事長．著書に『水俣病事件と法』など．

松岡洋之助(まつおか ようのすけ)
元「水俣病を告発する会」会員．元 NHK ディレクター．1935 年熊本市に生まれる．熊本商科大学(現・熊本学園大学)卒業後，NHK に入局．65 年熊本放送局に転勤．69 年石牟礼道子や渡辺京二らによって結成された「水俣病を告発する会」に参加．以後，支援運動を展開するが，73 年の勝訴判決の後，一切の社会運動から身を引く．95 年 NHK を退職．

色川大吉(いろかわ だいきち)
歴史学者．1925 年千葉県に生まれる．大学在学中，学徒出陣により海軍航空隊に入隊，敗戦後復学，48 年東京大学文学部卒業．その後，民衆史研究という新分野を開き，『明治精神史』を著し，67 年東京経済大学教授となる．76 年学際的な現地調査を組織，83 年『水俣の啓示――不知火海総合調査報告』(上下)を編むなど，水俣病事件の社会科学的な背景の解明に努める．著書多数．

実川悠太(じつかわ ゆうた)
水俣フォーラム代表．1954 年東京都に生まれる．72 年より水俣病患者の支援運動に参加．制作プロダクション勤務をへてフリーランスで書籍編集．83 年より水俣病関連訴訟の弁護団事務局．89 年「水俣病歴史考証館」の展示制作スタッフ．94 年に「水俣・東京展」の開催を呼びかけ同実行委員会事務局長．96 年開催の翌年改組改称し 2001 年法人化．15 年理事長となる．

著者紹介

石牟礼道子(いしむれ みちこ)
作家．1927年熊本県天草郡で生まれ，生後，水俣市へ移る．69年『苦海浄土』を発表．以来，水俣病患者と深く関わりつづけ，その苦しみと祈りを描破．同時に，近代的思考に拘束されない生活民の豊かな精神世界を表現．2002年発表の新作能『不知火』も再三上演される．『石牟礼道子全集・不知火』(全17巻・別巻1)が14年に完結．18年逝去．

浜元二徳(はまもと つぎのり)
水俣病患者．1936年水俣町に生まれる．父母は水俣病のため死亡．69年チッソに損害賠償を求める第1次訴訟の原告団に姉フミヨとともに加わる．72年ストックホルムの国連人間環境会議に赴き，水俣病の被害を世界に訴える．73年勝訴．84年「アジアと水俣を結ぶ会」を結成．市立水俣病資料館「語り部の会」名誉会長．2011年より入院生活．

吉永理巳子(よしなが りみこ)
水俣病患者．1951年水俣市に生まれる．幼少のころ父，祖父，従妹が水俣病を発病．その後，母，祖母も患者に．70年ごろ自身にも症状発現．94年『水俣の啓示──不知火海総合調査報告』(上下)を読んで患者家族であることを公表．97年から市立水俣病資料館語り部をつとめ，2012年に「水俣病を語り継ぐ会」を発足．

原田正純(はらだ まさずみ)
精神神経科医師．1934年鹿児島県に生まれる．胎児性水俣病の発生を証明．以後，水俣病について診察と調査研究をつづけ，多くの水俣病裁判で患者側証人となる．熊本大学体質医学研究所助教授，熊本学園大学社会福祉学部教授を歴任．2010年度朝日賞．『水俣病』をはじめ『水俣学講義』(全5巻)など編著書多数．12年逝去．

宇井純(うい じゅん)
公害研究者．1932年東京都に生まれる．東京大学応用化学科を卒業後，日本ゼオンに勤務．62年より富田八郎の名で水俣病調査報告．東大助手となり70年より自主講座「公害原論」を主宰，15年つづける．72年には水俣病患者らとともにストックホルムの国連人間環境会議に赴き世界へ警告．反公害運動を導く．86年沖縄大学教授．2006年逝去．

土本典昭(つちもと のりあき)
記録映画作家．1928年岐阜県に生まれる．早稲田大学で学生運動に参加して除籍処分．岩波映画製作所を経てフリーとなる．70年水俣病患者支援のため厚生省前に座り込み逮捕される．この後，水俣撮影に入り，71年映画『水俣──患者さんとその世界』をはじめシリーズ17作品．95年患者遺影収集のため1年間遺族を訪ね500影を収集．2008年逝去．

水俣フォーラム
水俣病事件について社会教育活動を展開する，東京都新宿区所在の認定NPO法人．会員900人，会友1万5000人．理事長実川悠太．前身は1994年発足の「水俣・東京展実行委員会」．全国各地の自治体や新聞社，大学や生活協同組合，宗教団体や環境団体と協力して，「水俣展」や「水俣病記念講演会」，セミナーやスタディーツアーの開催を続ける．近年の刊行物に『水俣病大学 第2期テキスト』(2014年)，『水俣病図書目録』(2017年)，編書に栗原彬編『証言 水俣病』(2000年)，塩田武史『僕が写した愛しい水俣』(2008年)など．

水俣から 寄り添って語る

2018年4月12日 第1刷発行

編 者 水俣フォーラム

発行者 岡本 厚

発行所 株式会社 岩波書店
〒101-8002 東京都千代田区一ツ橋2-5-5
電話案内 03-5210-4000
http://www.iwanami.co.jp/

印刷・三陽社 カバー・半七印刷 製本・松岳社

ISBN978-4-00-024886-0 Printed in Japan

水俣へ　受け継いで語る　水俣フォーラム編　四六判二一八頁　本体一八〇〇円

証言　水俣病　栗原彬編　岩波新書　本体七八〇円

僕が写した愛しい水俣　塩田武史　A5判一四二頁　本体二四〇〇円

水俣病を知っていますか　高峰武　岩波ブックレット　本体五八〇円

いのちの旅　「水俣学」への軌跡　原田正純　岩波現代文庫　本体八六〇円

水俣を伝えたジャーナリストたち　平野恵嗣　四六判二一四頁　本体一九〇〇円